大使衣橱

傅莹 著

中信出版集团 | 北京

图书在版编目（CIP）数据

大使衣橱 / 傅莹著. -- 北京 : 中信出版社,
2021.5（2025.8重印）
ISBN 978-7-5217-2692-3

Ⅰ. ①大… Ⅱ. ①傅… Ⅲ. ①外交礼节－通俗读物
Ⅳ. ①B802.2-49

中国版本图书馆CIP数据核字（2021）第010395号

大使衣橱

著　　者：傅　莹
出版发行：中信出版集团股份有限公司
（北京市朝阳区东三环北路27号嘉铭中心　邮编　100020）
承 印 者：北京启航东方印刷有限公司

开　　本：787mm × 1092mm　1/16　　印　　张：22.5　　字　　数：240千字
版　　次：2021年5月第1版　　印　　次：2025年8月第12次印刷
书　　号：ISBN 978-7-5217-2692-3
定　　价：118.00元

入境而问禁，入国而问俗，入门而问讳。

——《礼记·曲礼上》

目录

引子

我的外交礼仪服饰之路

2009年12月6日傍晚，天色已暗，晚霞余晖将天空染成粉蓝色，初冬的伦敦日落得早，七点多就寒意渐浓了。此刻的我，穿着一件长及脚踝的黑色丝绒大衣，里面是一件中式晚礼服，脚上是一双高跟鞋，手里拿着彩色石头镶嵌的小手包，里面有一份邀请出席英国女王伊丽莎白二世（Her Majesty Queen Elizabeth II）在白金汉宫举行的年度外交招待会请柬。

我快步走在白金汉宫前面的林荫大道（the Mall）上，这条礼仪大道今夜空无一人，天上挂着一轮清月，能看到几颗星星。道路尽头差不多五百米处便是白金汉宫了，外交招待会20:30正式开始，此时此地却异常寂静。暗红色细砂石铺就的路面映着月亮的清辉，也映出路灯下我的忽短忽长的影子。

作为中国驻英国大使，我在一个月前收到邀请，这一天留出充分时间做好了准备。司机金昌勇考虑到招待会时间恰值车流高峰，建议早点出发，我们便提前离开官邸，驱车前往白金汉宫。不料车开到距离目的地五公里处遇到堵车，前面的车队纹丝不动。听了交通台广播才知道是前方发生了交通事故，估计一时半会儿道路难以疏通。

使节出席驻在国的国事活动不能迟到。司机小金试图绕路而行，转了几道街，来到白金汉宫正前方林荫大道的路口。这里平日车水马龙，今夜却空空荡荡，宽阔的路口完全被铁马架子挡住了。一位身穿黑色制服、年轻帅气的女警察向我们走来。

我从车里出来，摇了摇手中烫金的请柬，对她说："我是中国大使，要出席女王在白金汉宫举行的外交招待会，时间快到了，能否允许通行？"她礼貌地向我敬了一个礼，同时也坚定地摇摇头，操着浓重的苏格兰口音说："前面发生事故正在处置，很抱歉，车不能过去。"

我又问："人可以走过去吗？"

"您？走过去？"她的眉毛扬了起来，"当然可以，夫人，如果您愿意。"

就这样，我独自踏上这条空无一人的大道。

今天我选择的灰咖色晚礼服来自一个中装品牌，采用垂坠的桑蚕丝质面料，款式简洁。无袖，小V领，除了前襟一侧的粉色花卉刺绣起到提亮的作用，周身都是素净的，宽腰围上也有一组粉色绣花。颈后半周小立领增添了几分气场。裙长及脚踝，下摆露出一圈粉色绸缎内衬，与粉色绣花相呼应。搭一条咖色桑蚕丝和粉色绸缎面料内外双色的披肩。

外面穿的黑色丝绒大衣来自北京798艺术区一间拥有上好品质的工坊，剪裁有点儿模仿军大衣，束紧的腰身简洁挺括，宽松的大摆毫不影响走路。不对称的领子和袖口表达了中国元素，大翻领一侧是梅花图案的粉色锦缎，另外一侧是与大衣一体的黑色丝绒。一只袖口采用喇叭口水袖加中式排扣，内衬是柔软舒适的宝蓝色真丝，在水袖的摆动中依稀可见；另一只是普通的带袢袖口。大衣通身内衬是与翻领一样的粉色梅花织锦缎，蓝色与粉色的大胆碰撞，西式的刚劲与中式的柔美，结合得恰到好处。

脚上那双透明无后帮高跟鞋是软塑料质地，相当舒适，让我可以毫无负担地走完这段路，这是一年前在北京街头一家平价商铺淘到的打折品……

月光下独自快步赶路的我，思绪不禁回到从前，记忆穿越过往，时光倒流三十年，往事如潮水般涌来。

我第一次出国是1978年。

从北京外国语学院（今北京外国语大学）毕业后，经过在外交学院外训班一年的培训，我被派往中国驻罗马尼亚大使馆，做英文翻译和国际问题研究方面的工作。当时中国改革开放正在起步，对外关系蓄势待发，大使馆不仅需要懂当地语言的干部，也需要懂各国使团交往通用语言英语、法语的干部。驻外任期四年，出国前单位一次性发放了800元置装费，那在当时可真是一笔不小的数目，差不多是我一年多的工资。

出国人员到红都服装社[1]置装。当时我对使馆工作茫然无知，不知道应该做什么衣服，服装社老师傅很有经验，给了我许多具体建议。我定做了一件驼色呢大衣、一套藏蓝色西装和一套米色西装，都是裤装，还有两条的确良连衣裙和一条白底蓝花布裙。我在位于王府井的"出国人员服务部"买了两件白色的确良衬衣和一双黑色的圆头中跟船鞋。

那套藏蓝色西装是用母亲压箱底的一块毛哔叽料子做的，记得她买来很珍惜，说是呼和浩特市第一毛纺厂生产的，那代表着上好的品质。母亲但凡有点儿积蓄就愿意买块毛料存着，自己却舍不得用。我毕业进入外交部，母亲把这块毛料送给了我，时常嘱咐说，穿衣服要得体，不能给国家丢脸。

这几套衣服便是我驻外应对四季所有场合的全部家当。

在罗马尼亚第一次陪同陈叔亮大使出席晚宴是在西班牙女大使

1 红都服装社成立于1956年3月，最初名为北京市友联时装厂，1967年正式启用"红都"品牌，沿袭至今。作为"中华老字号"，数十年来，这家国有民族服装企业为众多党和国家领导人及外国首脑提供服务，也是改革开放之初驻外工作人员定做制服的指定场所。

的官邸。夫人们纱裙露肩，男士身着戴着黑色领结的礼服；餐桌上摆着鲜花和烛台，席间一道接一道地上了浓汤、烤肉和甜品，还有白、红葡萄酒，仿佛走进小说中读到的场景。

那天晚上的我是怎样的呢？我穿的是自己最好的那套藏蓝色毛哔叽套装，里面崭新的白衬衫熨烫平整；齐肩短发梳成两个小辫儿，头绳上有两个绿色塑料小球；素颜，香皂洗过的脸上涂了雪花膏。

女主人问陈大使：“这是您女儿吗？”

大使笑着回答：“是我的翻译，就像女儿一样。”

面对我这样一个来自陌生国度的女青年，西班牙大使自始至终热情相待。她对我的好奇或许不亚于我对她的好奇。当时在西方人印象中，中国人都穿着统一制式的蓝色、灰色褂子，虽然请柬上注明的着装要求是晚礼服，但是她对我的装束也欣然接受。而我也并未因自己的这身装束感到不自在，毕竟以我当时的状况，已经做到了力所能及的最佳，不可能更好了。

在罗马尼亚任职的几年，我对外交礼仪开始有些接触和认识，并且努力在有限条件下尽量做到整洁和符合礼仪要求。但是有时候还是存在应付不过来的情况。

陈大使外事活动很多，常常一天四五场，多则六七场，而我作为翻译需要连续陪同。冬天的套装还好打理，夏天的的确良裙子很容易起皱，活动间歇回到使馆，我总要争分夺秒地把裙子重新熨平。不过刚熨完的裙子潮乎乎的，有时来不及晾干，上车一坐就又皱了。

总之是捉襟见肘地折腾了两个夏天。

休假回国时我下决心来一次置装升级。夏装，做了三件真丝小衫和一条便于搭配的黑色长裙，中国真丝物美价廉，穿上常得到称赞。冬装，做了两件织锦缎的中式上衣，搭黑色裙子，一般仪式和晚宴都可以应付。之所以没有选择旗袍，是因为使用场合有限，还有一个不得不考虑的因素，那就是成本——一件旗袍的价格几乎可以做两件上衣。

以尽可能低的成本实现更多功能是我一生在置装上的秘诀。我坚持一个原则：在力所能及范围内做到最好。

我的第一盒化妆粉也是在那次休假期间买的，上海货，圆形铁盒里装着香喷喷的散粉，有一个粉扑。回到使馆后刚好有一场活动，我陪同参赞夫妇一起参加。我兴高采烈地告诉夫人："有化妆品了！"我们在房间里像试验新式武器似的，我帮她扑扑，她帮我扑扑，然后自我感觉良好地出了门。

在楼门口等车时，一位男同事表情诧异地看着我们，欲言又止，终于忍不住问："你们今天怎么了？有点儿像日本艺伎啊！"

这么可怕？我赶紧回到门厅，大镜子里映出一张白脸。一来粉的颗粒粗，二来打得厚。我用手绢在脸上蹭了又蹭，发根和睫毛上的星星点点都来不及擦，随它去吧。我上车帮助参赞夫人也擦掉了脸上的粉。

此后，在罗马尼亚使馆常驻的那几年，我没有再试图化妆。

1982年结束在罗马尼亚的任期回国，我在外交部翻译室工作，依然素面朝天。当时人们普遍收入不高，市场上服装样式的选择也有限，“衣服穿破再淘汰”是主流观念。在工作单位，大家把参加外事用的西装上衣放在办公室，有活动时换上出席。我们几位年轻女翻译每人只有一两件西装上衣用来参加外事活动，为了增加新鲜感，大家把衣服挂在一起相互换着穿，以至于其他单位的人常分不清楚我们谁是谁。

我从兵团到大学再到驻外使馆，衣着上一直走上坡路，环境的改变总是对服装提出更高的要求。但是，毕竟工作压力很大，我不可能花太多时间和精力打理外表。有一次在日内瓦作为同声传译参会的经历，让我觉得有必要更认真地“打扮”自己了。

日内瓦联合国机构很多，经常从中国邀请同声传译人员为会议提供协助。同传属于高压力、高强度脑力劳动，欧洲标准的同传时间安排是每组三个人，每人做20分钟，休息40分钟，每天工作半天。那天工作间隙休息时我去盥洗室，推开宽大的玻璃门，忽见里面几位女士尖叫着躲进隔间。我往身后看看，没有别人，意识到可能是我引发了惊恐，看看大镜子里面的自己——素颜，短发，身穿那套藏蓝色的毛哔叽直筒西装——显然，她们以为进来了一位男士。

一位女士轻轻推开隔间的门：“You are not a man!”（原来你不是男的！）我哭笑不得地说：“No, of course not.”（当然不是。）

受到惊吓的女士们陆续从隔间里出来，经过我身边时一脸抱歉，有人对我说了声“Sorry”（抱歉）。我看着她们施着浓妆的面容，觉得人家被自己惊着也是可以理解的，我可能需要做一些小调整了。

联合国机构给同传的报酬比较高，但是当时国家外汇紧张，我们的收入都上交，个人每天能得到1瑞士法郎的补贴。那天晚上回到住处后，我到旁边的一家小商店逛，里面有个“1法郎货架”，所有商品的售价都是1瑞士法郎，包括口红。我选了一支大红色的，付了钱。

第二天早上，洗干净脸，我用人生中第一支口红精心地涂了唇，自信满满地出了门。谁知，我在走廊上又引起一声尖叫，声音来自我的同事。显然，在没画眉毛没打粉的脸上，一副猩红色的唇难免惊着人，尤其对我们这些习惯素颜的女士来说，这个反应也不奇怪。

我有点儿恼，回到房间把口红擦掉。关于美的懵懂尝试再次失败了。

而这也是我学习化妆技巧的开端。以往，我上班忙工作，下班忙家务，如何打扮自己从来放不到日程内。“口红事件”之后，我开始关注妆容问题，在机场书店和飞机上翻一翻时尚杂志，了解妆容技巧和流行风格。既然进入国际交往领域，总要入乡随俗吧。

当然，关注和学习并不意味着有条件去改变。20世纪80年代，普通公务员工资不高，家里每到月底钱包就吃紧，生活压力比较大，没有什么余力去购买化妆品。

1985—1986年，我在英国留学一年，对礼节、礼仪有了更多的认识和观察，有机会把“美”当作一门知识来了解。回国后我成了女同事口中的Beauty Adviser（美容顾问），能帮助大家化妆、参谋衣着。

20世纪80年代中期到90年代，随着国内经济发展，物质短缺的状况逐渐好转，出差去广东常能看到商店里出售出口转内销的漂亮衣服。有条件选择才谈得上会选择，我开始懂得，挑选衣服的标准不是“看着好看”，而是“穿着好看”——衣服是整体形象的一部分，是用来烘托人的，而不能把人压住。所谓好看是衣服和人相得益彰的结果。

有一次和同事在深圳选购衣服，我看上一套浅色大格子套裙，是我一直喜欢的那种端庄大方的图案和颜色。然而，我穿在身上一试，看上去好像披了个床单，有点儿“只见格子不见人”的感觉。一起来的女同事浓眉大眼、五官鲜明，她穿上之后显得很漂亮。显然，这种花色我撑不起来，便让给了她。我还喜欢一件洋红色的西装套裙，试穿后也是只见衣裳不见人，反倒是一套挂在旁边看上去很普通的深宝蓝色套装，一上身整个人都显得明亮起来——适合的才是最好的。我最终选择了这套衣裙，它陪伴了我多年。

我的衣服都经久耐穿，一方面选择时要慎重，品质要好，同时自己也需要较为严格的身材管理。

20世纪90年代，我被派到中国驻印度尼西亚大使馆担任公使衔参赞。考虑到是去热带，我在行前定制了一些真丝衣裙。结果到了雅加达才发现，在热带国家出席正式场合衣服不能太单薄，因为室内空调的温度比较低，是以男士穿西装的标准设置的。于是，我的披肩渐渐多了起来。

印尼这个国家，在外交礼仪上的要求相当严谨，酒会、晚宴、婚礼等正式场合都有明确的着装规则。印尼人有自己的国服，男士是巴迪[1]衬衣，女士是巴迪长裙。对外国人按照西方礼仪标准要求，也提供穿民族服装的选项。这些要求会在请柬中标示清楚，正式场合如果客人衣着不符合礼仪会被谢绝入内。

后来被派驻菲律宾担任大使时，我已经熟悉了东南亚国家的礼仪，准备的衣着也更加适应需求。不过，每个国家在习俗上总会有些独特的地方。例如，印尼人衣着款式相对保守一些，女士都穿长袖衣服和长裙，色彩可以较为鲜艳，不必拘泥于“全身颜色不超过三种”这个约定俗成的规则；鞋子多是圆头粗跟，比较古朴。在菲律宾，人们的着装风格更加时尚一些，女士鞋子多是尖头、细高跟，最好没有后帮，顶多是一根细细的带子。

2000年，我从菲律宾奉调回国。

国内工作环境与国外又不同了。当我穿着在马尼拉习惯了的无后帮“凉拖”上班时，有同事提醒：“你怎么穿着拖鞋来上班啊？”如此一来，置办的漂亮鞋子很少有机会再穿。47岁的我自认为步入了“大妈”行列，衣服都买大一码，头发也不再用心打理。

一位好友见状直言：“你不要放弃自己呀。”

我一时不解，何为“放弃自己”？

1 Batik，一种印尼传统蜡染花布。

她说："看看你，像个老大妈。"

我自嗔："难道不是吗？"

不过，经过一番"是不是老大妈"的自我思考，我决定不放弃自己，重新注意保持体形，注重衣着……

放弃自己容易，自我约束却需要勇气和努力。好处也是显而易见的，此刻的我满怀自信地走在异国他乡静谧的林荫大道上。

走在这条不长的路上，我想到了很多，仿佛走过了30年的历程——从辫子上系着绿色塑料小球、身穿毛哔叽西装出席晚宴的女青年，到出使伦敦的女大使……点点滴滴的记忆、磕磕绊绊的故事，一股脑儿涌现。越走，内心越坦然。

我对外交礼仪和服饰的认识近乎成熟的这一刻，画上一个阶段性的句号，想写一本书的念头也在此时萌生。不过到真正动笔又过了10年。

这条属于个人的成长之路，也折射出国家的发展历程。尽管社会上并不缺少关于礼仪和服饰的专业书籍，但是，在许多朋友的鼓励和支持之下，我下决心把这本书写出来。书中谈的不仅是礼仪和规则，也有自己的经历，包括闹过的笑话、犯过的错误，分享自己获得的经验、积累的内涵。职业和经历使然，这本书讲的是一个过来人对外交礼仪的理解和国际交往中的一些常识。

对大多数人来说，外交礼仪似乎距离自己相当遥远，鲜有机会涉及。但是，在中国成长为世界级大国的今天，我们如何看待全

2009年在英国

球多元文化的并存发展，如何在自己所处的位置恰如其分地展现风采，如何更好地营造与世界、与他人的关系，这些与个体息息相关的内容，在书中均有提及。我希望这本书也能引起其他领域朋友的兴趣，尤其对年轻人来说，如果能从中了解国际交往的一些规则，读到有趣的故事，培养守时、守信的好习惯，树立起通过尊重他人赢得尊重的能力和品格，应该也是有益的。

一条走了30年的长路，是记忆，更是心路。

2021年1月15日于北京

MY ETIQUETTE

JOURNEY

第一章

外交招待会

——将礼仪做到极致的英国女王伊丽莎白二世

请柬：社交规则的集中体现

白金汉宫坐落于伦敦市中心的威斯敏斯特，是英国王室的寝宫和办公场所，也是国家庆典和王室举办重要礼仪活动的地方。宫殿的主体建筑于1703—1705年由白金汉和诺曼比公爵约翰·谢菲尔德（John Sheffield）所建，此后经历代君主不断扩建和修缮，维多利亚女王开始将其作为王室的正式府邸。

现在的白金汉宫成为展示英国文化和吸引各国旅游者的一大景观。头戴高耸的熊皮帽[1]、身着红色制服的皇家卫队换岗仪式[2]，是来伦敦的游客不会错过的重要节目。

每年接近年末，伦敦就开启了圣诞招待暨答谢活动的季节。12月上旬伊丽莎白二世女王在白金汉宫举行的外交招待会（The Queen's Annual Diplomatic Reception）是其中第一场，也是最重要的一场活动。女王亲自接见和招待各国外交使节和家人，有着

1 熊皮帽最早出现于17世纪，是为欧洲军队的掷弹兵设计的。滑铁卢战役后，英王为表彰其皇家卫队击溃拿破仑近卫掷弹兵，特许他们佩戴比对方的熊皮帽更高的熊皮帽，以彰显更强大的作战实力。这个风格的帽子流传至今。2011年起，英国不再采用野生黑熊皮制造熊皮帽，以人造皮草取而代之。

2 一般来说，每年4—9月，白金汉宫皇家卫队于每天11:30—12:00举行换岗仪式，其他月份则每两天（通常是双数日期）11:30举行一次。准确时间要通过白金汉宫官网查询。

年终答谢和共同迎接新年的含义。

伦敦是国际大都会，世界上150多个国家派有常驻使节。外交招待会邀请大使、配偶和身边子女出席，每个使馆还有四位主要馆员受邀，因此，宾客数量是相当可观的。白金汉宫的场地大约能容纳1500人，为了公平地照顾到所有使馆，王宫采取了“隔年邀请”的原则。我到伦敦履职的第一年，2007年12月，曾经应邀出席，隔年后的2009年，中国使馆接到了12月6日举行外交招待会的邀请函。

外交招待会开始时间是20:30，女王和王室随从会准时入场，客人19:00就可以入场了，正式开始之前是社交活动时间。

外交招待会属于酒会性质，是正式外交活动，但是其正式程度和着装要求会依据不同的时间段和形式而有所不同。例如，各国大使馆的国庆招待会安排在17:00—18:30举行，着装要求（Dress Code）[1]略高于一般的商务活动：男士要求着Business Suit，直译是商务西装；女士比照的着装可以是及膝裙，而不要求着长及脚踝的裙子，裤装也是可以的。女王的外交招待会虽然也是以酒会的名义进行的，但是对男士的着装要求是戴白领结的晚礼服，即燕尾服，比一般酒会和晚宴都更加隆重。外交招待会是为数不多的需要佩戴勋章的场合之一，这一点等同于国宴的标准。在本书最后一章“男士礼仪服饰：得体最重要”中会介绍相关的规则。

在国际社交活动中，请柬内容是规则的集中体现，不仅为活动确定了需要共同遵守的时间、服装和流程，在一定意义上也表达了

1 日本人将Dress Code概括为“TPO”，即“Time, Place, Occasion”，也就是根据时间、地点、场合穿着正确服饰的规则。本书中统称为“着装要求”。

主人的心愿。而客人接受邀请就意味着接受了请柬中的规则。因此，在接受邀请时需要认真阅读和理解请柬的全部内容。

女王的冬季外交招待会乃至夏季花园酒会的请柬是以内廷宫务大臣（Lord Chamberlain）的名义发出的。这个职位始自1399年，当时颇具权威，不仅掌管王室内廷重大事务，还对伦敦上演的剧目拥有审查权和撤销权，不过现在主要是礼仪性身份。

下图是2019年白金汉宫外交招待会请柬，一份标准的英国王室请柬格式一般如下。

内廷宫务大臣兹获女王陛下之授命 诚邀 先生 出席在白金汉宫举行的招待会 2019年12月11日（星期三） 晚上8:30 着装要求：白领结礼服[1]或者民族服装[2] 现役军官请着全套庆典晚礼服 请佩戴勋章

王室请柬经常附一两页纸的说明，便于宾客更好地理解其中的要求，有时会附加一些特殊的礼仪要求和解释。例如，在外交招待会的请柬附信中对女宾客的手套事项做了特别说明："女宾客是否戴手套可以自便，而女王陛下将戴白色手套。"说明中还会解释，这是

1　White Tie直译为"白领结"，即最高级别的晚宴着装规则，中文统称为"白领结礼服"。
2　民族服装（National Dress）指体现自己国家特色的礼服，一般理解为"国服"。

因为活动中女王将与上千位宾客握手，敬请大家谅解。我自己也主办过上千人的酒会，一场活动下来最累的是手，因此对王室的解释是理解的。

女士的礼服手套在现代社会服饰中已经不多见，也很少有须戴手套的着装要求，但是女王一直保持着在大型社交活动中戴手套的习惯。在王室成员中很少见到年轻的王妃戴手套[1]，宾客戴手套也不是普遍现象。

女士礼服手套常见的有长款和短款两种：长的及上臂，用于无

1　伊丽莎白二世女王的官方手套制造商的创意总监吉纳维芙·詹姆斯（Genevieve James）曾向《好管家》（*Good Housekeeping*）介绍，女王的手套成了她身份中不可分割的一部分，同时也有实际用途："第一，时尚；第二，实用。"其中最为实用的理由是，手套可以隔离细菌，避免生病。Caroline Picard. This Is Why Queen Elizabeth Always Wears Gloves[J]. Good Housekeeping , 2018.

袖礼服；短的齐腕，适合长袖礼服。冬天宴会大厅不够暖和，戴长手套有保暖功能。不过，中式长袖或者短袖的晚装旗袍如何搭配手套，是需要细心考虑的。我的经验是，无袖旗袍或者刚刚过肩的“碗儿袖”旗袍，搭配长手套既美观又实用，长袖旗袍可以搭配齐腕手套。当然，佩戴手套需要考虑旗袍的花色，例如，如果旗袍的织锦缎面料图案中有黑色花纹，佩戴丝质黑色手套是很美观的，米色手套可以搭浅色旗袍。在晚宴上吃饭时，需要把手套摘下来，之后可以再戴上。在偏厅喝茶或者喝咖啡时，可以戴着手套端杯子。我休假时，偶然在呼和浩特的商店里看到有黑色和白色的丝质长、短手套，就买了两副，为有需要的场合备用。

女王是英国女士服饰、礼仪的标杆

2009年12月6日晚上，我在前往白金汉宫的路上遭遇堵车，步行走过林荫大道，七点半之前来到正门的招待会入口处。此刻大部分宾客都已经入场了，门口零星还有人抵达。王室重视请柬发放的安全，邀请函是实名的，注明不可以转让，收到请柬需要回复。在王宫入口处须出示本人请柬，以及一张随请柬一同寄来的、刻有浮雕徽章的卡片（卡片的颜色每年都会随机调整），上面印有一串专属号码。与其他任何一场王室活动的规则相同，王宫入口处的警卫会核对客人证件姓名、请柬号码与来宾名册是否一致，作为身份的确认。入场之后不再有其他身份或者安全检查。

进门左手边是衣帽间，有侍者帮助宾客收存大衣，之后顺着台阶走上去，进入白金汉宫正厅。

白金汉宫有19间国事大厅。这一天，为了容纳王宫最大规模招待会的宾客，各厅堂都为这场活动开放了，大门全部敞开，整个王宫开阔堂皇。平日里装潢华丽的长廊和客厅现在显得空旷，地毯、家具和陈设都被挪走了，只有墙上的油画还挂在那里。在水晶吊灯和壁灯的交相辉映之下，长廊两侧墙上的巨幅油画非常显眼。我与其他宾客沿着长廊往里走，边走边欣赏那些记录着历史事件和各种人物的画作。

外交招待会又称“外交舞会”(Diplomatic Ball)，确实会有华尔兹舞曲在大厅中飘荡，拼花地板和开阔的环境也烘托了舞会的气氛。不过宾主们都更加专注于社交，到活动最后阶段可能会有兴致高的宾客翩翩起舞。

此刻，客人们基本到齐了，大家被有序地安排在不同的大厅里。外国使节在驻在国参加活动的排序是根据递交国书的日期来确定的，资历最久的成为使团长。使节任期一般是三到四年，特殊情况下可以长达十年甚至更久，短至一两年就调离的情况也不鲜见。因

穿桑蚕丝质地中式礼服出席着装要求为白领结礼服的晚宴

此，每年差不多有1/3的使节离任和新到任。这样一来，各国大使排序的变化也是很快的，我初到时，凡事都排在最后边，一两年后就排到比较靠前的位置了。

有英国外交部的礼宾官指引我走到一间大厅的中间位置，这也是我在使节排序中的位次。使节和配偶们排成单行，沿着大厅宽大的正面和两个侧面围站着，另一面聚集着英国外交部的陪同官员们。有些使节的孩子们在伦敦，也会应邀来到白金汉宫，他们和使馆的其他馆员都不参加女王接见，被安排在一间最大的国事厅里，有冷餐和酒品招待。

使节们找到自己的位置之后，就开始相互寒暄、闲谈。韩国大使走过来打招呼，我们好久没有见面了，彼此交换了对时局的看法。他走开时忍不住又驻足说了一句："You' re the princess of the night."（您是今晚的公主。）我笑了。韩国大使显然对我的中式晚礼服比较欣赏。

如前所述，外交招待会着装要求是白领结礼服或者民族服装。这一天，可以领略到世界各民族五彩斑斓的礼服之美。亚洲国家使节普遍选择民族服装，例如缅甸大使夫妇就穿了丝质的"笼基"和"特敏"[1]。也有些国家的使节，男士选择穿英式燕尾服，女士则穿本民族的礼服，韩国大使穿的就是系着白领结的燕尾服。

我这款灰咖色桑蚕丝无袖改良旗袍与舞会的氛围很协调。在首饰搭配上，我选择了一副黑色珍珠耳坠。这是我在菲律宾任职时用苏禄海珠定制的，水滴形的珠子不大，镶了碎钻，坠在白金链子上，

1 一种色彩鲜艳的下装，又名"纱笼"，状如直上直下的圆筒，男女同款，只是腰际穿法略有差异。穿在男士身上被称为"笼基"，穿在女士身上被称为"特敏"。

式样简洁大方，遇到隆重场合我都用它。手上戴的是小粒黑珍珠镶碎钻的戒指。中式礼服注重领子的装饰，因此很难再搭配项链，我索性省略了，西式低胸、无袖晚礼服的规则也是倾向于不戴项链的。

有一句话:“You are what you wear.”（衣如其人。）无论是参加女王的活动还是在其他外交场合，作为使节，得体的衣着是必要的。恰到好处的服饰也可以让人自信和舒适地融入环境，为进一步交流奠定基础。这套晚礼服足够庄重又不那么抢眼，让我感到内心安宁，可以专注于此时的职责。

外交招待会的高潮是女王接见各国使节。时钟指向20:30，女王在爱丁堡公爵和威尔士亲王等王室成员的陪同下出现了。女王在守时上倾注了一生的执着，她的公务活动都需要提前好久就约定好，无论什么天气、什么环境，她鲜有迟到或者临时缺席的情况。诚然，她也因此对宾客有着同样的期待。与王室商定的日程和安排再要调整或者修改，难度是极大的。我们作为外国使节，接到王室的邀请需要慎重决定，一旦接受了邀请就要信守承诺。女王就是这样用自己的守信守时来规范着英国社会的守信守时习惯的。

在外交招待会这一天，女王穿的是传统的米色织锦缎长款礼服，头戴王冠，斜挂在右肩上的蓝色绶带[1]上配有王室家族勋章和嘉德勋章[2]。女王身后紧随着的是爱丁堡公爵，之后是威尔士亲王和夫人卡米拉，再往后是其他王子和夫人。女王的几位贴身女侍官（Lady in Waiting）也都盛装随从。

1 绶带（Sash）通常斜挂在右肩上。绶带颜色须与礼服颜色及勋章种类相配，一条绶带可以佩戴多枚勋章，越新授予的勋章，位置越靠上。最高等级的勋章也可以挂在镶有宝石的勋章项链（Collar）上。

2 嘉德勋章起源于中世纪，是今天世界上历史最为悠久的骑士勋章，只有极少数人获得，包括英国国君、威尔士亲王和最多24名在世成员，以及少数特例成员（例如与英国结盟的外国君主）。

女王伊丽莎白二世像她的曾曾祖母维多利亚女王一样，始终坚持保守的英式服装，以70年不变的风格创造出永不过时的形象，被时尚达人缪西娅·普拉达（Miuccia Prada）称为“世界上最优雅的女人之一”。

英国王室对衣着服饰有自己独特的立场。根据历史学家的描述，过去500年间的几位女王都深谙服饰和衣着所蕴含的力量，她们在特定历史时期对自身形象的表达和把控，曾经是赢得人心和维持长期统治的手段之一。19世纪，维多利亚女王在给儿子的信中写道:“须知从人之外表，常窥其内心，身份愈高，愈需自重。汝一应穿着，须力戒奢华轻佻，一旦恣肆则自尊难存，且有失皇家体统。”[1]

伊丽莎白二世也遵从了传统和谨慎的服饰原则，在重大活动礼仪服饰的样式上一直与“新风貌”（New Look）乃至现代时尚保持距离。但是，她并非完全与潮流隔绝。例如，她的日装虽然简洁平实，但是在服装色彩的选择上相当大胆和开放，这让她在保持传统和不与社会脱节之间找到一个完美的结合点。

女王伊丽莎白二世于1952年2月6日正式即位，1953年6月2日加冕，自此之后经历了60多年英国社会的变迁和世界舞台的转换。从20世纪50年代第二次就任首相的温斯顿·丘吉尔（Winston Churchill）[2]到2019年接任首相的鲍里斯·约翰逊（Boris Johnson），女王先后与15位英国首相共事，与他们都保持和谐的关系，除了雷打不动地每周听取首相汇报工作之外，也会定期举行聚会。女王在与首相共事的过程中，一直谨守职责，言行得体。尽

1 参考英国广播公司（BBC）纪录片《王室服饰传奇》（*Tales From the Royal Wardrobe*），参见https://www.bbc.co.uk/programmes/b048wss8。

2 丘吉尔曾于1940—1945年及1951—1955年两度就任英国首相。

管英国社会在是否保留王室的问题上一直存在争论，[1]“共和”之风也从未消散，但是，女王在英国社会有比较高的人气，她本人的品格和形象得到认可和赞誉。

我作为大使初到伦敦时，因为拿不准各种场合的着装要求，曾经向英国外交部礼宾司的女司长请教。她说，虽然各种场合都有一些具体着装要求，但是如何穿戴确实需要在实践中摸索，英国女士通常是以女王作为标杆的。我在英国工作的几年中观察到，女王不仅是着装的标杆，也是礼仪的标杆，以自身言谈举止将礼仪表现到极致。

1 英国自1688年“光荣革命”之后建立君主立宪制，议会成为国家权力中心，王权被逐渐削弱，君主处于统而不治的地位。在当今政治生活中，英国女王具有被咨询权、褒奖权和敬告权。

出席外交招待会用的礼服和大衣以及鞋和配饰。

安静与真诚，体现的是内在力量

此刻女王走进大厅，步履虽缓却带着一股稳定的气场，人们安静下来。女王出席室内举办的公众活动时，很少有音乐相伴，例如，在议会演讲那样充满仪式感的场合，她也是在安静的氛围中走进来。可能正是因为她的安静，无论多么喧嚣的环境都会肃然静下来，几乎能听到她长裙滑过地板的瑟瑟声。

这天，她从大厅入口处开始，与使节和配偶一一握手，说几句话，走到每一位大使面前时，她都表达对使节及其所代表的国家的关心。身边的女侍官有时会轻声提示和介绍使节，她马上就可以找到与这个国家相关的得体话题。当时已经83岁高龄的女王记忆力仍然很好，而且，她显然为了这场大规模的会面做足了功课。如果某个国家的领导人刚刚访问过英国或者有计划来访，她会向这个国家的使节提到这次访问；如果某个国家最近发生了什么大事，她会表达关注。最后，她还会问候使节的家人。

让人印象尤为深刻的是女王表现出的真诚。尽管她戴着手套，握手时却传递出一种笃定的力量。她会看着每位使节的眼睛，听对方讲完话才做回应，谈完再将目光转向下一位使节。人与人交流握手时，目光相接方能传递诚意，外交场合更是如此。女王个子不高，有些人高马大的使节和她握手时，会主动弯下身子来迎接她仰头递过来的目光。女王一丝不苟的表现让每位客人都感觉受到她的尊重，她也由此赢得了使节们的尊重和赞赏。

她走到我面前时，眼神透出温暖。我算是到任时间比较长的大使了，与女王在过去的重大场合多有交集，而且女王向来对女大使多几分关心。记得初到伦敦，我在先生郝时远的陪同下递交国书时，她对英国与中国的关系寄托了厚望，当时还专门嘱咐我先生说："你要经常来陪伴她啊。"2009年4月，她曾邀请我和老郝等人到温莎城堡做客。

这一年中英关系发展顺利，她表达了对两国交往的美好印象，希望我在伦敦生活顺心。她的眼光也在我的礼服上停留了片刻。"女王喜欢多样的民族服饰"，英国外交部礼宾司对此有过细心的提示，无论英国的礼仪着装要求是什么，其他国家的人都可以按照自己的习俗选择服装。与女王身边的女侍官交流时，我也听她们介绍过，女王对世界上各具特色的民族服饰充满兴趣。女王的服装师安吉拉·凯利写的书《硬币的另一面：女王、梳妆台和衣橱》[1]记述了她在女王身边工作的岁月里，在服装的面料、样式和搭配上的各种考虑和设计，从中也能看出女王本人对不同场合服饰需要表达的信息的细心考量。

女王走过之后，爱丁堡公爵礼貌地紧随其后与使节们握手和打招呼。其他王室成员也依序握手寒暄："你好，欢迎你来到伦敦！"或者说："你什么时候来的？喜欢伦敦吗？"

在人与人的交往中，握手的礼仪是最为微妙的。握手太重会让人反感，太轻又显得缺乏诚意。主动握手或者被动握手也有不同的含义。通常男士要主动伸手，但是，如果承办活动的主人是女性，应该主动与客人握手。握手时眼睛要稳定地看着对方的眼睛，眼神相

1 Angela Kelly. The Other Side of the Coin：The Queen, the Dresser and the Wardrobe[M].Harper，2019.

交的那一刻才能让彼此留下印象。作为主人，在面对排队握手的人比较多的情形时，最好能让自己眼睛注视的焦点与握手的节奏大致同步。如果目光转移得比手快，握着一个人的手时，眼睛已经看向下一个人，这样的表现在礼仪上是失败的。因为，无论是正在与你握手的人，还是下一个被你注视到的人，都难免会感到有些不知所措。

女王一行缓缓地从一个大厅移入另一个大厅，与来自世界各国的使节握手、交谈，对每个人亲切微笑，展现出耐心和谦逊的风范。她进入的每个大厅里面都秩序井然，大家遵守规则，没有人会争抢，更没有人会要求合影拍照[1]。已经与女王握过手的人也都依然站在原地，用目光追随活动的进程。

每当女王一行离开一个厅，礼宾官会宣布这个厅进入自由活动阶段，这时大家慢慢散开，平日难得一见的使节们三三两两聚拢，貌似漫无目的，却也不脱离时政地交谈起来。作为使节，总是有许多情况需要了解，也会有一些问题需要解决，这样的外交场合当然不能错过。我参加外事活动总会“带着任务”而来，抓住遇到相关人士的机会，要么交涉一些问题、交换一些看法，要么商量一些事务。这一天我借机找到英国礼宾司负责人，商谈即将到来的一个中国代表团的接待安排。

1 邀请函上注明“不允许使用手机和照相机”，女王大部分活动都有这样的要求。

“不着急”也是一种从容的优雅

晚上十点多，女王一行离开了，宾客们也渐渐散去。上千人几乎在同一时间离场，竟也丝毫不乱，没有谁拥挤、推搡，没有谁步履匆忙，大家都从从容容地沿着通道缓步向外走。穿着长裙的女士们须留神脚下的台阶，但是不必担心会被身后的男士踩到裙摆，大家都会彼此照顾到。这样的时刻让人感慨礼仪的力量，它为人们构建了一个有序的环境，每个人都有一定程度的自我约束，从而营造了安稳和舒适的公共空间。

在出口处取大衣需要排队，行进的人流慢了下来。人们松散地聚拢，悠然聊着天，缓缓向前移动，身处其中却也感受不到焦虑的气氛。轮到我了，我从侍者手中接过丝绒大衣，刚要自己披上，旁边一位白发老者问道：“May I?”（我可以帮你吗？）

老先生来得正好。我的礼服上搭着质地光滑的丝披肩，手里还端着小手包，丝绒大衣的剪裁太合体了，甚至略紧，如果自己穿大衣，一只胳膊套进袖子里，另一只胳膊再找另一边的袖子，恐怕会有些不那么顺手。老先生将手中的拐杖倚在柜台旁，不慌不忙地将我的大衣挽在臂上，接过我的手包。我转过身子，向后伸展双臂，他将大衣的两个袖笼恰到好处地套上我的双臂，顺势往上一带，动作轻盈麻利。我收拢大衣，系好扣子，回过身来，接过手包。这位绅士微微弓着身子，向我微笑着说：“Your coat is very elegant.”（你的大衣很漂亮。）

老人身材比较高，稍显瘦削，看样子有七十多岁了吧，如此娴熟的做派应是一生的功夫。我说："Thank you."（谢谢。）尽管非常感激，但我没有用很夸张的措辞。英语属于低调语言，讲究慎用形容词。中文讲"非常感谢"，翻译成英文"Thank you"是恰当的，不需要用"Thank you very much"。由衷的感谢，也可以节制地表达。

他回敬道："My pleasure, Madam."（很荣幸，夫人。）

我以"Happy New Year"（新年快乐）向他道别。

在外交场合，身边没有男士同行的女士会享受到这样的礼遇。我在肯特大学读书时也留意到英国男同学都很注意礼节，对女生照顾有加。不过，也有英国女同学不以为然，批评所谓的绅士精神是虚情假意。也许吧，不过身穿晚礼服的女士对这点小小的帮助还是领情的。

穿戴停当的人们渐次来到出口等车，有工作人员询问客人的使馆名称，用话筒通知等在停车场的司机。虽然已经是入夜时分，拥在门口的人越来越多，但是场面依然有序。这种时候可谓众目睽睽，是礼仪的真正终点，任何喧哗、推搡或者抢先都会很引人注目。我站在台阶高处，一方面留神自己的车何时出现，另一方面利用这个时间与其他大使再多聊几句，交换心得。

在国事场合，尤其是高规格的多边国际会议散场时，一些很少在公众场合露面的高级别领导人也需要站在门口等车。通常，主办国的礼宾人员会尽量安排好各国代表团上车的时间顺序，但是也难免需要有先有后。这种时候，随行人员最好不要前拥后挤。也确实

不乏有些大国为了彰显霸气，必抢到别人前面，引发阵阵骚动。外事场合，从抵达到离开，相互尊重是礼仪的应有之义，既来之则安之，时时处处本着一种“不着急”和礼让的态度，才是他人眼中的优雅。

在公共场所排队的耐心也是社会礼仪的内容之一。记得有一次周末我和家人一起出席在露天体育场举行的戴安娜纪念音乐会，近十万人的大场面非常热闹。散场后我们准备乘坐地铁回官邸，跟随其他观众排队等候了一个多小时，没有人拥挤，一切都显得很自然，我们也就安心等待。这种随遇而安的公共礼貌体现的是相互尊重的社会美德。

车来了，我与其他大使和夫人们道别，司机小金帮我打开车门，我拎住裙摆俯身上车。几个小时前由于交通中断，我提前下车步行到白金汉宫，小金则独自绕了很久，才到达王宫停车场。听他讲述绕行的辗转过程，我庆幸自己做出了步行通过林荫大道的明智选择，否则很难保证不迟到。如果中国大使答应出席却不到场，会显得多么无礼。

此类事情我不是第一次碰到。在伦敦这样的大都市堵车很难避免，总需要灵活应对。有一次去金融城出席晚宴，我还邀请了来访的内蒙古代表团一位女士一同前往，车走了不到一半的路就遇到前方事故造成的堵车。司机判断要迟到了，我们果断下车改乘地铁前往。我和朋友都穿着蒙古袍和高跟鞋，不过，盛装乘坐地铁在伦敦并不是什么新鲜事。我们从距离宴会厅最近的地铁站下车，小心翼翼地拎着裙摆，走过地铁的长走廊和楼梯，准时抵达宴会大厅。

当然，使节们也难免会有不可抗力造成的缺席，后果往往比较严重。记得我在印尼任职时，有一次国事活动中一位欧洲使节因为交通不便而缺席，他座椅上的大字名签被电视记者拍到，成为新闻事件。他后来被政府召回国。

英国女士服饰的由繁至简[1]

现代国际外交礼仪服饰的规范基本上是源自英国和欧洲大陆。历史地看，国家和社会的礼仪是从政治中心逐渐向平民社会外溢和辐射的，形成规范人们形象、行为和言谈的社会规则。礼仪和服饰

1　本节内容参考英国广播公司纪录片《王室服饰传奇》，知乎专栏《时代的审美：维多利亚时代女性服饰》（参见 https://zhuanlan.zhihu.com/p/26274717，https://zhuanlan.zhihu.com/p/26358664）。

的发展也与社会财富的增长乃至人际交往的需要密不可分，同时，国家和民族的礼仪中也会包含民间百姓约定俗成的生活规范。英国源自宫廷的礼仪和服饰伴随着工业化进程和商品社会的发展，不断改良并向大众普及。英国与其他欧洲国家之间的相互影响比较大，由此形成的礼仪文化也比较广泛地在世界上传播。美国和澳大利亚都与欧洲关联密切，在礼仪文化上很大程度沿袭了欧洲的规则和传统，但是相对而言要求不那么严格。我们可以通过对英国礼仪服饰发展的观察，了解外交礼仪服饰变化的脉络。

英国现代女士礼仪服饰的源起，可以追溯到16世纪伊丽莎白一世女王执政时期。根据历史记载，她非常懂得如何利用服饰来树立自己的威仪。从25岁成为英格兰女王起，她便开始谨慎地管理形象，因为自己不具备父亲亨利八世那样魁伟的身型，所以刻意利用繁复的设计和华贵的珠宝将礼服装饰得绚丽夺目。从现存的画像中可以看到，伊丽莎白一世礼服的领部是羽翼状的饰物，像云朵一样簇拥着脸部，试图显得气度不凡。礼服上镶嵌的珍珠、宝石构成各种图案，都有着强调权力的意味。

不过，都铎王朝时期女性的服饰并不舒适，甚至可以认为是刻意地束缚。贵族女性衣服里面需要穿一件用细密鲸骨织成的紧身胸衣，将身体束成不自然的瘦长形，腰部套一个天鹅绒面料的腰垫，状如今

天的旅行头枕，腰垫外面套一层裙撑，形似木桶，为蓬蓬的礼服裙撑出一个庞大的空间。当时劳作阶层的平民是不需要也不可能这样穿戴的。伊丽莎白一世要求宫廷朝臣对她仿效追随，制定了“服饰法”（Statutes of Apparel），规定各个阶层的人应该穿什么，不该穿什么。

到了18世纪乔治国王时代，英国宫廷里标准的女性服饰演变为一款极为宽大的裙子，名为曼图亚（Mantua），扁平状的裙撑更大了，这种宫廷制服的历史贯穿整个18世纪。穿着曼图亚的女性行动十分不便，由于裙摆太宽，经过门廊时只能侧身行走，如果参加仪式活动，全程无法就座。这个时期英国普通妇女虽然也穿的是上身偏紧下身摆幅较大的长裙，但是远不似宫廷服装如此繁复。

19世纪后期，工业革命的发展和文化艺术的繁荣带来社会审美的变化，维多利亚女王对服饰的偏好通过新闻媒体的传播对社会产生影响。她一方面保持庄严持重的王室风范，同时也有大胆创新，比如白色婚纱就是她首创的。《简·爱》《安娜·卡列尼娜》等文学名著虽然出自不同国度，但是其中作者对女性形象的描绘都带有“维多利亚风格”的时代印记。不过整个19世纪，服饰都没能摆脱束缚性的用衬裙支撑大摆裙的基本形态，紧身上衣的变化无非是领口高些或者低些的调整。

推动服饰改革和社会普及的主要动力来自商业和消费社会的发展。1851年5月1日，在维多利亚女王的丈夫艾尔伯特亲王的主持下，伦敦成功举办了万国工业博览会，也就是第一届世界博览会，其宗旨就是推广和推销英国正在蓬勃兴起的纺织业等行业的产品，来自中国湖州的原丝远渡重洋参加了世博会。我在参观伦敦圣马丁学院时，一位教授谈到伦敦的“维多利亚与艾尔伯特博物馆”(Victoria and Albert Museum，简写为V&A) 时说，这是1852年为了长久展示世博会展品而创建的，现在成为全球最大的艺术与设计博物馆，是学设计的学生最好的课堂，其创立的初衷不仅是为设计者提供系统和连贯的历史素材，也是为了教育大众，培养公众的消费品位和兴趣。

维多利亚女王婚纱照

女性服饰风格变化贯穿始终的是如何一步步地简化、舒适化和平民化，而战争最快地促进了这个过程。第一次和第二次世界大战中女性广泛参与各项工作，衣着不得不更加中性化和简朴化，逐渐抛弃了古典服饰的矫揉造作。尤其是第二次世界大战之后，女性对好看和实用服装的需求，为新时尚的出现提供了土壤。

20世纪50年代，法国时尚品牌迪奥掀起的风潮从巴黎来到伦敦，设计师克里斯汀·迪奥在伦敦的法国大使馆举办了一场时装秀，新兴时装风靡社会，大众礼服不再局限于由王室导向，潮流越来越多地被各种时尚品牌引领。

1966年，法国设计师伊夫·圣洛朗（Yves Saint Laurent）将男装礼服元素运用到女装设计中，推出了第一套女式吸烟装（Le Smoking），其剪裁简洁利落，版型不失曲线，由此开创了女装趋向实用的中性风格。在此之前，女性服饰虽然不断变迁，但是一直围绕着裙装打转，而吸烟装颠覆了女性服饰的传统观念。

此后，女士西装潮流又经历了几度变迁，从20世纪70年代彰显个性和权力的夸张形式，回归到90年代的干练柔美，进入21世纪越发强调舒适实用，从中折射出女性在不同时期的不同态度。现代女士西服裙装和裤装都已经成为职场标配。

MY ETIQUETTE

JOURNEY

第二章

从早餐到晚宴

——这些场合怎么穿

在这章里，我想分享一些从早到晚可能遇到的场合的穿着常识和基本规则。礼仪服饰不仅关乎衣品本身，更关乎一个人如何通过恰到好处的着装，为自己赢得相对舒适的与人相处、交往的环境。我在多年对各种外交场合的观察和品味中，逐渐找到适合自己的风格和方式。其间没少犯错，也远谈不上应对自如。基本经验是：出席任何活动，先要仔细阅读和理解请柬上的要求，据此着装就不会出大错。遇到对着装要求没有把握的情况时，可以适当提高标准而不要降低标准，尤其对女士来说，“up”（高配）总是安全的选择。对于男士来说，穿对更加重要。如果是自己作为主人邀请他人来出席活动，也需要在请柬中提出明确要求，尤其是着装标准。

早餐（7:30—9:00）

作为外交使节，一天的工作常常从早上就开始了。如果临时有事情需要商议，而彼此的日程都已经排得很满，就需要相约共进早餐。这样既能够尽快见面商议问题，又不影响白天的其他日程，这种情形在商务环境中也常见。

出席早餐可以穿一件色彩明快的丝绸衬衣

礼仪服饰方面的书籍中很少提到早餐时应该怎么穿，这的确没有一定之规。可以记住一个简单原则：一日三餐中，就餐时间越晚，着装越正式。相对而言，早餐的着装要求不那么严格，服装标准属于日装。无论是主人还是宾客，大多数人早餐后都需要直接去上班，因此多会选择穿工作时的服装出席早餐。

作为女士，夏天可以穿一件有设计感的衬衣，搭一条色彩明快的A形裙；冬天可以选择类似“小香款”上衣，搭一条铅笔裙；舒适的连衣裙在任何季节都是恰当的。天凉时，丝绸衬衣上可以搭件毛衣，不过，穿普通的布衬衣就不够正式了，穿平针的圆领毛衣会显得好像刚从厨房里出来，不太妥当。如果早餐后需要参加其他活动，我会穿西装套裙出席早餐，加一条丝巾或者长款的珍珠项链，增添些许色彩和仪式感。早上服装的颜色可以尽量浅淡和明快，见面让人觉得眼前一亮，也预示着新的一天将愉快地开始。不过早餐属于工作性质，不宜穿太高跟的鞋，也不宜穿靴子。总之，干净整洁、简单清爽应该是早餐服装的基本形态，不需要很华丽，首饰也不宜太隆重。

大使夫人们的早餐相对轻松一些，没有赶着上班的压力，开始的时间不会很早，衣着也可以更加亮丽，质地可以是真丝，也可以是纯棉或者亚麻。许多大使夫人在这种场合都会选择别具特色的民族服装。我先生老郝经常应邀出席使团配偶们的早餐聚会，夫人们不仅欢迎男士配偶的参与，也很喜欢老郝诙谐幽默的谈话，这是大家交友和增信的好机会。老郝参加这样的早餐穿淡色的中华小立领外套，里面穿同样是立领的白色衬衣，搭卡其布的裤子。

对男士来说，出席工作早餐适合穿普通的日装西服，不宜太随意，最好不要用显旧的衬衣和领带，不宜穿工装夹克，尽量避免穿休闲（胶底）皮鞋。学者们在出席国际会议期间住在同一家酒店，相约早餐比较多，可以采用商务休闲的装束，这与学术会议服装的基调也是吻合的。不过最好不要在晨跑或者健身后直接出席早餐，还是冲洗一下，换上干净整洁的衣服再去比较好。如果是外交性质的国际会议，着装要求是西装，这时的公务早餐最好也穿西装。如果天气太热，可以相互商议一下，早餐时解开领带或者脱掉西装。

当然，正式的午餐、晚餐则需要依据请柬上的着装要求来选择。

1

2

这是早餐衣着的几个样例。可以根据活动的正式程度选择相对正式的服装，如图1、2；也可以更加轻松随意，如图3、4。

3

4

日间外交和商务会晤（9:00—17:00）

出席白天正式的外交或者商务活动需要穿西装（Lounge Suit/Business Suit）[1]。起源于英国的西式男装经历了几个世纪的演变，定型为包括西装和礼服在内的几种形式，适用于不同场合。在外交和商务场合通行的服饰规则中，西装被认为是出席白天正式活动时的主要着装，即日间（通常是17:00以前）商务正装。

对男士来说，日间会见和会谈最适合的服装是一身合体的西装。西装通常是毛料或者混纺质地，可以是三件套，包括上衣、马甲和裤子，也可以是两件套，包括上衣和裤子，整套应该是相同质地的。双排扣西装要系好扣子，单排扣西装最下面的扣子不需要系上。搭西装的衬衫须是翻领的，白衬衣比较普遍，也可以采用淡蓝色衬衣，衬衣袖子稍微长于西装外套的袖子，不宜穿短袖衬衣。衬衣扣子须全部系好，最上面的扣子系好之后再打领带。男士搭配的皮鞋有若干种，最好是皮底和系带的皮鞋，这些会在后面的章节中谈到。

男士穿合体的西装，坐下来时会感到束缚。因此，根据目前的着装礼仪，坐下之前可以把胸前的扣子解开，这样不仅舒适，西装的两片前襟也可以自然地落在两侧，看着顺畅。需要注意的是，在正式场合，起身时要系住西装最上面的一粒扣子，以免被可能出现

1 Lounge Suit直译为“客厅西服”，这是一个请柬专用词语，用以说明着装要求。日常交流中，人们也会用Business Suit或者Business Dress来表达，都是“商务套装”之意。

的记者捕捉到一种过于随意的状态。

对女士而言，日间正装的选择比较多。比如西装套裙，长度及膝或者刚过膝的连衣裙搭一件外套，剪裁合体的西装衣裤，都是可以的。颜色也可以不局限于深色，淡色或者条纹都很好，但是，工作环境中的日装，尤其是会谈时，最好不要太花哨，装饰不能太多，整洁端庄为宜。在首饰方面，也要遵循低调简洁的原则，如果佩戴耳饰，可以选择耳钉类型，而不是适合晚装的夸张耳坠。

穿裙装时可以搭配裸色丝袜，黑色丝袜也是比较流行和恰当的选择。采用黑色丝袜时一定要穿黑色皮鞋，采用藏蓝色丝袜搭蓝色皮鞋也很好，但是不宜搭配淡色裙子或者裤子，也不应搭配浅色的皮鞋。夏天穿裙子时是否穿丝袜要看个人的习惯和喜好，在欧洲更加流行不穿丝袜。搭配日装的鞋子后跟不必太高，3~5厘米就好，从舒适度的角度考虑，圆头鞋或者粗跟鞋也是适宜的。有的人喜欢圆头平底的“芭蕾鞋”，这也被接受为正装鞋。

相较女士的日间正装，男士西装的适用场合更多一些。有一次，我随中国代表团参加时任法国总统萨科齐和夫人布吕尼在爱丽舍宫为中国代表团举办的晚宴，请柬上对女士的着装要求是晚礼服（Long Gown）[1]，对男士的着装要求则是商务正装，即西装。

1　下摆齐脚踝的长裙。

这体现了法方在着装规则上的变通做法，不习惯穿礼服的中国客人可以穿西装出席晚宴，而对女士相对正式的着装要求维持了国宴的礼仪标准。

日间正式活动中，我偏向于着裙装，可以是西装套裙，也可以是连衣裙搭西装外套，长度过膝。为了不显得古板，我偏向于条纹或者小格子图案的面料。有时一天日程紧张，来不及为晚宴更换衣服，也可以让白天的服饰尽量靠近晚宴的要求。比如，在前面提到的法国总统为中国代表团举办的那次晚宴，中方代表团访问日程紧张，没有安排晚宴前回饭店更换衣服的时间。当晚总统夫人布吕尼着一袭黑色、无袖、长及脚踝的礼服裙，法方出席晚宴的女士亦着深色晚礼服。那天，我在白天的会谈等活动中穿了一套黑色套装，上衣面料镶嵌着金丝线，长裤是有垂感的丝绒质地面料，戴黑色珍珠项链和耳环，增加了一定的装饰感。考虑到白天的日程中走路多，我穿了舒适的平跟软底鞋，在车上放了一双细跟鞋，晚宴前换上。这身衣服在白天的活动中略显隆重，对晚宴而言达不到礼服的标准，不过作为陪同的工作人员，这样的着装是说得过去的。

当今世界，女性领导人和高官已不鲜见，她们与男士一样需要应付高强度、快节奏的日程，因而多倾向于中性简便的衣裤套装，但是，在礼节上仍然是严谨的。例如，德国总理默克尔的标签式装束是素色上衣搭长裤，她在访问中国期间，出席在大会堂举行的隆重晚宴时，换上了略有色彩的丝质上衣，以表达对主人的尊重。

无论是男士还是女士，除了西式套装，中式服装也适用于白天正式活动。我的日间正装多带有中式元素，例如上衣采用中式立领。女士套装是否适合正式场合，关键标准是上下的一致度，成套买来的西服套装，上衣和下衣采用的是同样质地的衣料，作为正装是合适的。要避免穿着上下装不是一套的服装出席正式活动。

如果想自己搭配出一套正装来，则需要考虑裙子或者裤子与上衣的搭配。我经常用黑色的丝绸质地裙子搭配黑白花纹的中式立领短上衣，或者宝蓝色、紫红色的西式上衣。这样的服饰无论是日间正式活动，还是午宴、酒会都是恰当的。如果采用裤装，则黑色裤子几乎百搭，白天可以选择毛料质地的裤子，出席午宴、酒会可以选择丝绒或者其他软料的裤子。

夫人们出席下午茶等聚会活动，着装要求不那么严格，选择空间比较大。可以穿西服套装，更适合的是简洁的连衣裙，或者丝绸

出席下午茶等活动可以穿连衣裙搭西服上衣或者穿西服套装

1　2　3　4

5

6

这是日间外交和商务服装的几个样例。正式服装的特点是上下装样式和材质的一致性，也即服装是成套的，如图1～5。女士服装亦可自行搭配，基本原则是上下装有一定的关联性，如图6，黑白图案的中式短款上衣，搭黑色丝质伞裙，用橘黄色羊绒背心做内搭，增加了颜色的跳跃性，减少沉闷感。

衬衣搭裙子。这种场合，穿上下装不是一体的裤装也是适宜的。

有一个需要提示的小细节是，冬天穿大衣或者风衣进入活动现场时，需要将外衣挂在衣帽间，不宜坚持在室内穿着大衣或者风衣，怕冷的话可以披上围巾保暖。

午餐（12:00—13:30）

午餐大多属于工作性质，餐食会略微简单一些，最常见的是自助冷餐，汉堡/三明治午餐也很常见。国内公务午餐采取点外卖盒饭的方式也是适宜的。如果时间充裕，可以在餐厅安排正式的热食分餐，多数情况下只点一道主菜。是否上酒要看午餐的性质，社交类午餐上白葡萄酒比较常见，工作午餐一般不上酒，避免影响谈话乃至下午的公务。也有相对比较隆重的正式午宴，需要一个半小时到两小时以上才算符合起码的礼节。

出席午餐的服装依据其性质来选择。工作午餐着西装就可以，这样，如果午餐与会谈或者会议相衔接就无须专门更换衣服了。出席正式的国事午餐应该选择相对隆重一些的日装，男士的西装和衬衣、领带要相应地更加挺括和亮堂，女士的服饰也可以增加些仪式感，连衣裙和套裙都是恰当的。当然，国事活动的请柬上会有明确的着装要求，可以据此选择。

这是午宴/午餐的几个样例。如果是国事午宴，需要考虑服饰的品质，例如图1，丝质上衣，内搭颜色与上衣镶边相同，墨绿色铅笔裙与上衣图案中颜色相呼应。如果是工作午餐，可以选择适用于日间工作场合的服装，例如图2、3。

1

2

3

日间商务休闲装（假日或者非正式活动）

假日或者日间非正式活动相应的着装是商务休闲装（Business Casual）。适用于喝下午茶、参观博物馆、看望朋友和周末的会面。商务休闲装在学术圈里比较流行，是教授讲课和出席国际论坛最常见的着装方式。

我在英国时，有一次陪同国内代表团，他们离境当天有点空闲时间，英方安排参观科技博物馆。早上，团长和大部分人都换上了深色夹克衫和休闲鞋。陪团的英国警卫这一天没有穿那身严肃的黑色西装，而是换上了小格子的浅色西装，佩戴亮色领带。他看到代表团的人穿着夹克衫上车，就把我请到一边说："大使，今天日程宽松，您可以告诉大家咱们有充分的时间，来得及回房间换下运动服。"他以为代表团是早上散步之后来不及换衣服就直接去博物馆呢。确实，英国男士周末修剪草坪或者修理管道的时候要穿夹克衫，去博物馆参观被视为学习之旅，衣着相对要有几分仪式感。我在博物馆与这位警卫闲聊时，顺便给他讲了一些中国人的服饰习惯和规则，他听得很认真。他说，陪同中国代表团几日，印象最深的是大家都充满工作热情和务实精神，难怪中国发展那么快。

商务休闲装的选择范围比较广，但是，并非穿西装时解开领带和衬衣的扣子就可以称作商务休闲装了。在外交或者商务活动中有这类情况，遇到冗长的谈判，或者炎热的天气，主宾之间会协商能否将领带解下来，让大家都感觉舒适一些。但是这并不改变西装作为商务正装的性质。

商务休闲装与作为商务正装的西装有本质上的不同，区别在于“休闲”二字。最明显的区别是，商务休闲装只有单件上衣，不需要搭配相同质地和颜色的裤子。商务休闲装的种类很多，比较常见的是斜纹呢、花呢等面料的上衣，英文称作Suit Jacket，字面意思是“西装夹克”，也可以翻译成西装外套。有一种从海军制服演变而来的藏青色西装上衣Blazer，翻译成“单件西装”，是商务休闲装中最受欢迎的款式之一。虽然这种上衣也采用毛哔叽类精仿面料，但是其铜质或者其他金属质地的纽扣强调了休闲的特征，从而有别于正式的西装上衣。

与商务休闲装外套搭配的裤子可以相对比较随意，没有什么固定要求，质地可以是棉布，也可以是毛料或者法兰绒。在美国和澳大利亚流行卡其布裤子，宽松而舒适，在学界颇受欢迎。在英国，大部分人倾向于采用灰色调的毛料裤子，也是试图在休闲中保持品位吧。

商务休闲装内搭的衬衣可以是白色，或者是浅蓝色、深蓝色，简洁的条纹、格纹也很好。可以戴领带，需要注意的是，领带的颜色要与外套和衬衫相协调：如果外衣是格子图案的，那么衬衣和领带可以不再有花纹，否则就显得闹腾和刻意了。也可以不戴领带，若此，衬衣最上面的一颗扣子可以不系，敞开衣领。美国人和澳大利亚人多喜欢用品质比较好的T恤代替衬衫，而英国人搭配商务休闲上衣普遍采用衬衣。

商务休闲装给了男士们张扬个性的空间。我的一位英文校核编

1

2

这是日间商务休闲装的几个样例。图1是单件西装上衣，搭配相应的裙子或者裤子，适用场景与男士商务休闲装差不多，适合假日活动或者学术论坛。图2是格呢面料的套装，也适用于商务休闲场合。

辑来北京时，我邀请他共进晚餐，他特地询问有什么着装要求。考虑到是朋友们相聚，我提议采用商务休闲装。他来时穿的是Blazer，里面搭了一件孔雀蓝底色的衬衣，上面有细细的粉色条纹，这个图案的撞色效果显得很协调。他没有打领带，衬衣的领口是敞开的，露出领子里面的那一抹粉色内衬，显得很精致，体现了英国人对个性"时藏时露"的特点。在座的人们表扬他的衬衣帅气，他腼腆地用"loud"来形容自己今天的衣着，意思是说，有点张扬了。

女士在商务休闲场合可以采用类似男装的单件西装上衣，搭配相应的裤子或者裙子，也可以考虑抛开中规中矩的套装，采用连衣裙外搭一件版型流畅的上衣，或者用开衫羊绒上衣搭配裙子、裤子。如果选择素色衬衣，可以搭配一条得体的长裤，丝绸、丝绒、亚麻等质地皆可。

在英国，服装店的工作人员会为顾客提供服饰搭配的咨询和服务，根据活动场合和性质，协助考虑衣服的色调和质地的搭配。我曾经在选择西装和衬衣时得到过这样的帮助，体会到他们的专业经验和服务态度。

鸡尾酒会（17:00—20:00）

鸡尾酒会（Cocktail Party）是对各种非宴会正式招待活动的统称，可以简称为酒会，亦可称为招待会（Reception），通常有明确的主题，例如庆典、纪念或者宣介活动，有安排讲话的环节。主要

出席酒会可以选择略高于日常商务服的裙装或者裤装

特点是不摆桌椅，宾客都是站着的，不需要坐下来吃饭。酒会通常在17:00—20:00举行，持续时间两个小时左右，具体时间在请柬中会有提示。11:00—13:00举办酒会的情况也是有的。

与正式宴会相比，鸡尾酒会是一种更为轻松和灵活的社交场合，可以自由走动和交谈。以提供葡萄酒、鸡尾酒、啤酒和软饮料为主，提供“牙签餐食”（Canapés）类的简单食物，包括小香肠、奶酪和小三明治等，由服务员端着盘子在客人中穿行提供，可以自取。通常，正式宴会之前半小时会举行餐前酒会，邀请客人出席，目的是方便宾主相互结识，这与正式酒会有所不同。举办酒会活动的难点在于餐饮量的恰如其分，过多或者过少都是不成功的。

酒会是外交场合最常见的形式，例如每年各国大使馆举办国庆招待会，即采用酒会形式，大使到任和离任也会举办酒会形式的招待会，邀请当地政要和工商、文化界人士出席。这种场合各国外交使团都要应邀出席，一方面是相互尊重，另一方面也是外交官聚集的好机会，一场酒会下来，自己想见的人和想谈的事情都可以完成。

英国社会的酒会比较多，企业、社团、院校和议会、政府部门都喜欢用酒会的方式庆祝一些特殊日子、回馈各类关系和友人。伦敦酒会最多的时节是圣诞节前的两周，政府各部门都要举办自己的圣诞+新年酒会，是本部门与其他部门联谊、聚会的重要时节，也会邀请驻英国的外交使团派人出席。这是我们作为外国使节接触相关部门负责人和洽谈公务的难得机会，不容错过，我有时一天要参加两三个酒会，能见到好几位部级官员，有些积累许久的问题能在这样的场合遇到恰当的人了解清楚或者谈妥。

2009年9月24日在伦敦万豪酒店主持中国大使馆举办的中国国庆60周年招待会

我作为大使，除了在大使馆举办酒会，也在英国议会举办过纪念中英关系的酒会，邀请议员们出席，结交了不少政界朋友。2009年10月1日是中华人民共和国成立60周年，中国大使馆于9月24日在伦敦的万豪酒店（Marriott Grosvenor House Hotel）举办了隆重的庆祝招待会，出席的宾客有1200多人。

新中国成立60周年的纪念日，对中国人不仅是一个重要时间节点，也是一个对外传播的好机会，可以让世界了解中国在过去60年走过的历程和今天所取得的成就。

往年，中国驻英国大使馆的国庆招待会是在馆内一个能容纳500人的大厅举办，而这一年是大庆，我们需要邀请更多的宾客，就选择了在伦敦万豪酒店举办，这家酒店的大厅有很高的天井，开阔敞亮，非常适合这场庆典活动。

我们充分利用了这个“天井”，选取了五张具有鲜明特征和时代印记的巨幅人物图像，从“天井”垂下来，突出展现了改革开放以来每个时段有典型特色的一位中国人，来宾们一进入现场，就能感受到一种强烈的视觉冲击，由此让人们更加直观地看到，在人物身后国家所发生的巨大变化和取得的成功。

那天，现场一片欢腾喜庆气氛：60盏大红灯笼，错落点缀在其间；一身大红装的女子打击乐团，以一曲欢乐的鼓乐拉开了招待会的序幕；内蒙古马头琴演奏家麦拉苏为宾朋送上一曲来自家乡的祝福。各界人士纷纷对中国的成就表达由衷的祝贺。

我作为这场活动的主人，穿什么衣服合适呢？同事们建议这一天穿红衣服，红色最应景，我最初也是这样打算的。但是，当天现场最不缺少的就是红色：国旗是红色的，鲜花是红色的，还有60盏大红灯笼……我再穿一身红衣服，会不会像是第61盏红灯笼呢？

我选择了上海服装设计师李建秦的改良式中国风礼服，采用米色重磅真丝面料，红色镶边，在腰部和袖口点缀牡丹花图案的珠绣，内搭大红色的重绉圆领连衣裙，配以红色真丝手包。我买了一双舒适的红色高跟鞋与之相配。整体上看，这套服装既符合酒会的着装标准，又适合当天的喜庆氛围，也不会与现场的装饰“争艳”，效果理想。

出席2009年国庆60周年大使馆招待会穿的米色重磅真丝中式礼服

每当我自己主持一场活动，邀请了许多客人出席时，我会尽量选择亮色的衣服，这样既体现出对活动内容的重视，又能表现出对客人的尊重。如果我去出席别人主办的活动，自己不是主角，就无须刻意地突出自己，可以选择色泽普通一点的衣服。

酒会服饰在请柬中的注明方式是Cocktail Dress或者是Lounge Suit，对男士而言，含义是商务正装，可以穿西装。考虑到酒会有一定的仪式感，会有邀请方的领导和主宾讲话，尤其是一些国庆等场合可能还有典礼和表演活动，男士的西装要比日常的商务活动更加隆重一些，领带颜色可以更亮堂些。皮鞋应是皮底的，亮面漆皮鞋也可以。如果是夏季傍晚的户外酒会，或者是在热带，风格可以偏休闲一些。

女士出席酒会的衣着虽然不需要像晚宴那么正式，但是要明显高于日常商务服饰。裙装是比较适宜的，裙长及膝即可，稍微长些也是合适的。最保险的当然是一条经典的小黑裙，可以根据自己的喜好选择不同的领型和款式。搭配裙装的高跟鞋以尖头、细高跟为宜，鞋跟也可以稍微高一些，但是出席酒会可能需要站得时间比较久，对此要有思想准备。

根据英国礼仪服饰书的提示，女士即使是从工作场所直接前往酒会，也应尽量让自己的穿着有别于白天的公务形象。例如，可以脱掉厚重的西装外套，着无领无袖的裙装出席酒会，建议佩戴简洁的首饰，把白天用的大包换成精致的小包等等。如果是夫人陪同先生出席酒会，可以更加精心地准备一下，对外国人来说，着民族服装总是最为安全和适宜的。

1

2

3

4

5

6

这是适用于酒会活动的几个样例。普通酒会着小黑裙是最适合的了，如图1。出席其他国家的国庆招待会衣着应该相对隆重一些，例如旗袍，如图6，或者其他款式的中装，如图2～5。

我在忙完工作赶去出席酒会时，经常用围巾来调节，在脖子上系一条色彩亮丽的丝巾，或者在肩头披一条丝滑柔软的围巾，就可以为套装或者连衣裙增添色彩和仪式感。夏天我比较喜欢真丝质地的套装或者裙装，体现中国特色。但是真丝的缺点是容易出现褶皱，如果穿了一天的裙装，上面都是褶皱，那么直接去参加酒会是不可取的。我在办公室准备了熨斗，可以及时处理这样的问题。

户外仪式活动

户外活动会根据仪式的内容和性质有不同的衣着要求，在请柬中会有说明。不过，需要考虑到天气的影响。

英国国庆日

每年6月的第二个星期六是英国女王伊丽莎白二世的官方生日（Official Birthday）[1]，同时也是国庆日，要在皇家骑兵卫队阅兵场举行阅兵仪式（Trooping the Colour）。这场活动向公众出售观礼票，也邀请各国使节出席，着装要求是晨礼服（Morning Suit）。

Trooping the Colour直译过来，即“进军的旗帜”。根据英国皇家军队阅兵仪式官方手册的介绍，英国军队的旗帜（Flag）在历史上又被称作“Colour”[2]，不同部队的军旗，展示着各自士兵所穿制服及其徽章的颜色。在战场上，军旗所在之处即士兵集结之处。否

1 伊丽莎白二世的实际生日是4月21日。但是，据说6月的“官方生日”风和日丽，更适合阅兵。

2 Colour的常见词义是“颜色”，亦有“旗帜”之意。在英文中，形容一个男人要上战场，会说“Carry the Colour”（扛起军旗），打了败仗则是“Lose the Colour”（丢了军旗）。

2009年6月13日伦敦的英国国庆日阅兵

则，在没有现代通信技术的情况下，士兵很容易迷失于疆场。为了让本团士兵清晰识别自己的旗帜，须由年轻军官走在队伍前面，高举军旗，予以展示。这也是Trooping（军队行进）一词的来源。

皇家卫队是英国军队中最古老的军团之一，其历史可以追溯到英国内战时期。17世纪中期，斯图亚特王朝复辟之后，该军团便承担起了君主私人保镖的职责。

据信，首次皇家卫队阅兵仪式是在国王查理二世（Charles II，1630—1685）统治期间举行的。1748年，国王乔治二世（George II，1683—1760）在位期间，人们决定以这种游行来庆祝君主的寿辰。据英国王室作家斯蒂芬·罗伯茨（Stephen K. Roberts）介绍，乔治二世的生日是在11月，但是他认为那时天气太冷了，希望能在夏天庆祝生日，因此，历代君主于每年夏日举行“官方生日庆典”沿袭至今。

现今的皇家卫队下设五支卫队[1]，每年轮流参加检阅。卫队士兵都穿红色制服，领章、肩章、纽扣等细节有所区别，卫队的熊皮帽上饰以不同颜色的羽毛。整个检阅仪式分三天进行（并非连续的三天），大众或者游客若要前往现场观看，可以在官网上查询具体时间，提前数月购票。票价根据阅兵场次、所处位置和是否有座位等因素，为2~50英镑不等。

其中最热闹的一场是女王阅兵。在此之前有一场少将阅兵（Major General's Review）和一场上校阅兵（The Colonel's Review），可以视为女王阅兵仪式的热身。接受检阅的有1400名官兵、200匹骏马，还有400名军乐手随行。女王阅兵完毕、回到白金汉宫之后，将与王室成员一同在露台上观看皇家空军的飞行表演。

出席英国国庆日阅兵庆典穿的米色上衣和黑色伞裙套装与宽檐帽

2009年6月13日，我应邀出席伦敦国庆日庆典。阅兵的观礼看台是临时搭建的，考虑到登高走低的不便，我没有选择旗袍，而是穿了一身日装套裙，戴了宽檐的帽子。我注意到在这样的公众场合，对着装要求的执行并不严格，人们的衣着多种多样。按照规则，受女王邀请前来观礼的客人最好能穿晨礼服出席，但是现在这已经不是一项强制性的要求。公众看台上的人们服装相对随意一些，男士并非都穿着礼

1 这五支卫队分别为：掷弹兵卫队（Grenadier Guards）、冷溪卫队（Coldstream Guards）、苏格兰卫队（Scots Guards）、爱尔兰卫队（Irish Guards）、威尔士卫队（Welch Guards）。每支卫队的最高指挥官都由现任王室成员担任。

英国女王伊丽莎白二世乘坐马车阅兵

服，有穿西装的，也有穿商务休闲装的。无论是成年人还是孩子，都穿得干净整洁。使节看台上的外交官大多穿的是西装，可以看到在英联邦看台上的使节和其他宾客都身着晨礼服。

这一天的主要看点是大约从上午10:00开始的传统巡游和女王阅兵。女王在60岁之前每年都亲自骑马阅兵，后来曾自驾马车入场，现在年纪大了，改为乘坐马车入场。女王在服装上的色彩意识很强，这天她穿着鲜艳的亮绿色直筒连衣裙，戴着同色的帽子乘坐马车，在皇家卫队红色制服和金色肩章的绚丽环境中，以独特的跳跃色彩成为聚拢大家注意力的焦点。

夏季花园酒会

7月下旬白金汉宫举办的花园酒会（Garden Party）[1]是伦敦夏

1 白金汉宫花园酒会大约在下午15:00—17:00进行。

季社交活动的焦点之一。英国王室作家斯蒂芬·罗伯茨介绍，花园酒会是一项苏格兰的传统社交活动，始于维多利亚女王时期，其原型是户外下午茶。现在，伊丽莎白二世女王每年举行四次花园酒会，三次在伦敦的白金汉宫，一次在苏格兰爱丁堡的荷里路德宫（Palace of Holyroodhouse）。在英国举办夏季花园酒会是一种传统，不仅王室，普通人家也会举办这样的酒会。

7月的白金汉宫花园酒会是王室年度公众活动，受邀宾客多达8000人，名单通过广泛提名形成，主要是各行各业的杰出贡献者。每年年初，各郡总督（Lord Lieutenant）[1]可以提名，社会慈善组织、政府部门、地方政府、教会等也都可以提出名单。邀请函在花园酒会前6个月便会寄出。对很多普通人来说，能受到女王招待非常难得，因此格外珍惜。对女王来说，这也是接触社会大众的一个好机会，通过与这些人交流，并予以招待，鼓励善行和勤奋的社会风气。花园酒会也邀请外交使团出席。

2009年7月7日，我与伦敦的各国使节一道，应邀出席了白金汉宫的花园酒会。酒会下午四点正式开始，客人们中午就陆续抵达了，在附近野餐，或者去酒店、餐厅吃午饭。不到两点，王宫门前已经排起了长队，卫兵于三点打开白金汉宫大门，让客人们提前进入花园参观。王宫的花园可以说是伦敦（市内）最大规模的自然植物园了，宫殿前修剪齐整的大草坪之间，各色植物花卉映照在午后的阳光之下，争奇斗艳。提前入场的客人们可以开始享用茶点，花园里有许多提供茶点的小棚和简易桌椅，有传统英式红茶、冰咖啡、苹果汁，也有三明治和小点心，黄瓜三明治是其中比较传统的一种。

1 英王在大不列颠特定地区委派的君主个人代表，属王室勋爵，与地方行政领导不同，至今在英格兰、苏格兰、威尔士和北爱尔兰共有99个地区为委派地。

据王室统计，每次花园酒会消耗大约27000杯茶、20000个三明治和20000片蛋糕，足见其规模之大。[1]

使节们有专门的通道进入花园，在礼宾官的引导下直接到达专门的贵宾区，被称为王室茶棚（Royal Tea Tent）。下午四点整，女王和爱丁堡公爵以及其他王室成员从王宫走出来，沿着阶梯进入花园。这时乐队会奏起英国国歌。

这一天白金汉宫花园人头攒动，但是并没有人声鼎沸的感觉，气氛比较安静，而且因为花园比较大，并不显得拥挤。女王和王室成员到来时，有仪仗队成员引导宾客靠向两边，让出一个通道。女王夫妇分别与两侧的来宾交流，王室的其他成员也会随机地与宾客交谈。女王一行缓慢地通过人群，尽头就是我们所在的王室茶棚了。

白金汉宫花园酒会的着装要求是晨礼服，女士也需要穿正式礼服（Formal Dress）。女王和其他王室成员都遵循晨礼服的衣着礼节。现在对宾客的着装要求宽松了很多，男士可以穿商务正装（Lounge Suit），女士可以穿西装套裙（Day Dress）或者套裤。不过，很多应邀出席的使节和长者仍然会选择较为正式的晨礼服，戴高顶礼帽，外国使节亦可选择穿民族服装。看得出来，宾客都尽己所能地衣着得体，即便男士没有穿晨礼服，也至少穿着西装，女士多着花色连衣裙和式样比较克制的帽子。

户外活动最不可控的就是天气了，这一天预报有雨、降温。考虑到伦敦夏日的雨天比较凉，我放弃了穿旗袍的打算，选择穿比较厚重的蒙古袍出席，这样，搭穿靴子成为民族服装的组成部分，就

1 译自英国王室官方网站，参见https://www.royal.uk/queens-buckingham-palace-garden-parties。

不存在不合时宜的问题了。这一年夏天我弟弟来探亲，陪同我参加了花园酒会。他穿的是中华小立领的中式礼服。

出席白金汉宫花园酒会遇到降温天气时穿了保暖的蒙古袍

果然当天气温骤降，女王一行接见完公众，刚进到王室茶棚，瓢泼大雨就下来了。她在这里与政府官员、外交使节们握手、喝茶、交谈。听着雨滴浇打棚顶的急促声音，大家都不得不提高嗓门说话，也算热闹。我很庆幸自己穿得暖和，丝毫没有感到凉或者不适。女王来到我面前时，我向她表达问候，她也表示对两国合作的不断扩大感到高兴。我向女王介绍弟弟时，女王与他握手，并希望他在英国过得愉快。之后，我们与其他王室成员和宾客闲聊了起来。伴随着英国国歌的奏响，花园酒会结束了，女王一行与大家告别，离开茶棚。

后来看到报道，虽然许多宾客免不了被淋雨，但是大家对王室的悉心招待还是赞不绝口的。

其他场合

确实，天冷的时候参加正式活动，保暖的重要性不可低估，否则不仅自己不舒服难以专注，还容易着凉感冒。有一年冬天，我应邀出席在圣保罗大教堂举行的一场规格比较高的仪式活动，气温相当低，着装要求是晨礼服。我选择了一件紫色披肩式呢大衣，上面有绣花，减少了外套的非正式感，搭了同色系的帽子、手套和靴子，整体看上去是挺正式的，也很暖和。

在英国还遇到不少有特色的户外活动，着装要求不那么“正式”，有的甚至带有戏谑的成分。例如，有一次我收到邀请，出席周末在郊外一个庄园举办的活动，着装要求是“20世纪50年代的服装”。进入现场如同穿越到了上个世纪：男士们身着打绑腿的马裤和花呢格子上衣，戴着同色的鸭舌帽子，令人忍俊不禁；女士的服饰倒是多了几分婀娜感。入口处有商店，为来宾准备了标准的20世纪50年代二手服饰，不过价格相当高。我那天选择穿一件短款织锦缎旗袍，毫无违和之感。

当然，不同国家总会有自己独特的服饰文化和礼仪习俗，有对宾客的期待和要求，正所谓“入境而问禁，入国而问俗，入门而问讳”，尊重他国的礼仪和规范最好的办法是提前做好功课，避免出错。2012年我去阿富汗开会时携带了一条素色纱巾，进入总统府参加会见时需要戴上。再比如访问日本，出席在餐馆举行的宴会需要脱鞋、坐榻榻米，我会尽量穿裤装或者长裙，这样会方便久坐。

在伦敦冬天仪式活动上穿的紫色披肩式呢大衣搭紫色帽子和手套以及靴子

这件短款织锦缎传统旗袍在着装要求为“20世纪50年代服装”的活动上毫无违和感

文化活动（15:00—18:00）

作为外交使节，经常需要出席各类文化活动。比如观看画展、演出，出席博物馆专题展览的开幕式，有时还要发表致辞，这些也都是重要的外交形式。博物馆专题展览都是精心打造的，知识性很

“女式吸烟装”开启的中性实用之风推动女士西装成为现代职场标配

强，无论是关于历史还是绘画、名人生平等，都是难得的学习机会。我对这样的邀请都尽量出席，在这样的场合也常能遇到意想不到的名人或者政要，是交友的好机会。

文化活动的着装要求介于商务正装与晚装之间，相当于酒会标准，除了一定的仪式感，还可以有一点时尚感。出席白天的文化活动，男士西装的领带可以比较鲜艳。对于女士，可以选择适合日间的裙装，或者面料考究、设计别致的裤装。例如时尚版的女士黑色或者白色“吸烟装”，就很适合这样的场合。我个人偏爱中式衣服，任何场合着民族服装都不会错。

2007年我刚刚抵达英国，在递交国书之前的5月30日，我在大英博物馆与时任馆长尼尔·麦格雷戈（Neil MacGregor）联合举办了一场小型酒会，也算是临时的专题展览。即将在递交国书时作为礼物赠送给女王的复刻版《钦藏英皇全景图典》将在此先向公众展示一周。一些英国文化界人士、华界代表和外交使节出席了展览的

2007年5月30日在大英博物馆与时任馆长尼尔·麦格雷戈联合主持专题展览的开幕

开幕酒会。这部描绘18世纪末期英国人文风物的9卷16本图册，原是200多年前乔治三世派遣马戛尔尼勋爵送给乾隆皇帝寿礼中的一份。2005年，中国第一历史档案馆的工作人员在清理清代皇室档案时，发现了仍用御用黄绫包裹的这套图册，完好无损。现在，这个图典的原品珍藏在中国国家博物馆。

我需要发表7分钟的演讲。正式的致辞和演讲有3分钟、7分钟和20分钟等几个类别，在活动日程上会有明确的标注。演讲者务必不能超时，这属于演讲礼仪的重点。按照中文每分钟120字正常讲话语速，7分钟演讲是840个字。我准备了700字的中文讲稿，为现场用英语讲时的即兴发挥留出一点空间。

这天我穿了一件藏蓝色丝绒质地的中式立领上衣，搭配黑色丝绒裤子。这套衣服是直筒版型，样式上有一点中性化的意味，而丝绒质地增添了女性的柔和感，既在款式上保持了民族特色，又在颜色上反映了英国的传统色调[1]。这套服装不适合晚宴，却非常适合文化主题的酒会。

我在讲话中介绍了展品，说道："这套画册是18世纪的英国为了向中国展现自己的成就，精心描绘的英国全景，作为乔治三世为清朝的乾隆皇帝挑选的590件礼物之一，1792年随马戛尔尼勋爵率领的使团远涉重洋，前往中国。"其实，历史上的这次交往并不成功，从两位君主的往来书信中就可以看到当时的思维错位。我说道："可惜当时由于沟通困难，双方误解重重。而我作为21世纪的中国使节深感幸运，我们两国可以从历史中吸取教训，不会再次相互失之交臂。"

1　蓝色是英国王室最为偏爱的颜色。

这是适合文化活动的
几个民族服装样例，
这些服饰也适用于其
他类型的酒会。

1

2

3

4

相比正式的公务装，酒会装供个人发挥的空间更多一些，尤其在文化活动上，不同身份的宾客在衣着上有不同的表达。在英国的一场建筑展览的开幕式上，我遇见一位中国香港女演员，她穿的是短款皮夹克上衣，内搭的衬衣很有设计感，烘托出前卫和时尚的感觉。当然，这样的装束对于公务人员来说未必合适。

女士冬天出席酒会可以穿靴子，不过参加室内活动最好选择尖头、翻毛、细高跟等款式的靴子，比日常穿的圆头平底皮靴要更精巧一些。

晚宴（19:30—23:00）

黑领结礼服（Black Tie）

收到一张着装要求为“Black Tie”[1]的请柬时，你接受邀请就意味着将要出席一场比较正式的晚上活动，可能是晚宴或者是其他国事活动。其正式程度仅次于“White Tie”（白领结礼服），是日常社交中比较高级别的场合。

早年中国代表团出国访问，对请柬的着装要求不太熟悉。20世纪90年代，有一次我随代表团出访东南亚国家，团里把晚宴请柬上“Black Tie”的着装要求理解成“黑色的领带”，全团男士都根据“要求”购置了黑颜色的领带。而当晚，主办方的出席人员都穿着黑领结礼服来到宴会厅，对方的礼宾官注意到中方宾客穿的是西

1 Black Tie直译为“黑领结”，指的是半正式晚礼服，适用于晚上较高级别的正式活动，如晚宴、舞会等，中文统称为“黑领结礼服”。

装。为了避免在电视新闻的镜头中出现印尼方来宾与中方宾客服饰不一致的形象，主办方决定推迟晚宴，让本国出席宴会的人员都回去将黑领结礼服换成西装。

黑领结礼服的外套是无尾礼服，与普通西装轮廓相似，但是完全不同，具体细节在本书最后一章介绍。简单讲，上衣外套（Jacket）是黑色或者藏蓝色毛料，后身不开衩，翻领材质是光滑缎面（Satin），长裤与上衣面料相同，两侧镶有缎面装饰带。衬衣是白色的，翻领，上面三粒或者四粒纽扣是黑色装饰扣，双叠袖口

（法式袖口），戴袖扣。需要有腰封或者穿马甲。黑领结礼服，顾名思义需要戴黑色的领结而不是领带，左胸上的口袋里插白色丝质口袋巾。相搭配的礼服鞋须是黑色的。

如果临时出差遇到黑领结礼服晚宴的邀请，可以租用，也很方便。

有的中国男士可能并不适应英式礼服，一个比较好的选择是穿国内比较流行的中华小立领，或者其他形式的中装。一个国际通例是，任何外事或者是国事场合，在着装要求上都会保留民族服装的选项，因此无须一定要选择西式礼服。

对女士来说，与黑领结礼服相对应的着装要求是礼服裙，可以是长至脚踝的长裙（Long Dress），也可以是过膝的中长裙（Cocktail Dress），短裙不太合适。如果年轻人喜欢穿短裙，这种场合穿的裙子至少要有过膝的长度。关于裙子的长度，我的经验是，19:30以后的活动，女士要穿长到脚踝的裙子；18:30开始的酒会，甚至晚宴，裙长过膝即可。如果选择裤装礼服，则应该是更有设计感的上衣和同样质地的裤子，面料以丝绸、绉纱、雪纺等较为柔软的材质为宜，垂坠感要好，可以有些闪亮的装饰。如果采用普通毛料或者棉布作为晚礼服的衣料，整体感觉会逊色一些。

还有一个供参考的提示，在外交场合女士的礼服裙不宜太暴露。衣着是对人的装饰和衬托，不要成为故事本身，因此，可以选择稍微保守一些的款式。当然，年轻人的颈部很美，露出锁骨的低领窄肩裙是适合的。另外，在设计方面，一件礼服有一个亮点足矣，不需要处处炫目。

尽管黑领结礼服的名称是“Black Tie”，但是女士礼服的颜色并非一定是黑色的，只是应稍微厚重和深沉一些，以单色为佳，晚上的服装不宜采用浅淡的花色。或许因为正式外交场合以年长者居多，礼服颜色普遍比较沉闷，选择大红或者宝蓝等颜色的礼服裙，也是很养眼的。我自己在这种场合多选择中式服饰，立领上衣搭深色长裙，或者改良款的旗袍。

女士晚装礼服需要搭配细高跟鞋，带上小手袋。珍珠项链和耳环的首饰比较适合晚装，年轻人可以选择更有现代感款式的首饰。虽然晚装与日间服饰相比，可以更夸张和华丽一些，不过也并非越多越好。一副精美的耳环，再加上一条项链或者一枚胸针的呼应，就够了。如果耳环的造型很夸张，不要其他饰物亦可。年轻女士穿低领无袖长裙时可以不戴项链。

是否戴手套搭配晚礼服是可以自己决定的选项，戴手套时，戒指可以戴在手套外面。但是，宴会进餐期间手套需要摘下来。

穿蕾丝中式立领上衣和真丝长裙出席着装要求为黑领结礼服的晚宴

白领结礼服（White Tie）

白领结礼服，也即燕尾服，在第二次世界大战以前曾经是英国男士的标准晚装。现在，随着黑领结礼服在世界范围的流行，白领结礼服用得比较少了，只会出现在非常正式的场合，是晚间最高级别的礼服，包括王室庆典、重大国事活动等。

白领结礼服外套是黑色的，单排扣，前身短后身长，后身开衩，扣子始终是敞开的，露出里面的白色低胸马甲。里面是白色翼领衬衫，戴白色领结。黑色礼服裤子两侧有装饰缎带。如果希望颜色稍有变化，那么午夜蓝是黑色之外唯一的选择。天凉时，白领结礼服外面可以套大衣，一般配白色丝巾。

《绅士得体着装手册》[1]中有个小提示：落座时不要把“燕子尾巴”坐在身下，而是要分置于椅子两侧，或者凳子后方。

音乐指挥家也喜欢采用这样的演出服，不过他们的礼服袖子有专门的设计，让上半身有比较大的活动空间。有的高档餐厅服务生穿燕尾服作为工作服，不同的是，这类工作服比正式的燕尾服简洁许多，而且系的是黑领结，以示区别。

许多亚洲国家的外交官在这样的场合会选择西式礼服，民族服装也是一个可能的选项。中国外交官在国外遇到这种场合，可以穿白领结礼服，也可以选择穿中式服装。

对女士来说，与白领结礼服相对应的着装要求是晚装礼服裙（Long Gown），最基本的特点是裙长及脚踝，白领结礼服场合的女

1 Oscar Lenius. A Well-Dressed Gentleman’s Pocket Guide[M]. Prion Books Ltd, 2006：34.

装强调的是裙子的长度（Full Length）[1]，如果裙子太短，或者选择裤子，无论多么精致都不合礼仪。与黑领结礼服相比，白领结礼服相对应的女士晚装裙更华丽和隆重一些，从外形上看似乎也更“大”一点，有些接近婚纱的样式。低胸露肩长裙是最常见的女士晚礼服，但是并非必需。对中国女士来说，这种场合穿长款旗袍也是恰当的。

女士着晚装长裙可以搭配更加精美的首饰。西式礼服可以配发冠，不过按照英国的传统礼仪，发冠适用于新娘或者已婚女性，未婚年轻女孩子不适合戴发冠。

此外，女士的晚装包应是小巧和精致的，颜色可以依据晚装的颜色来选择。如果穿的是黑色的晚装，则银色、金色等几乎任何颜色的手包都是适宜的。如果晚装有花色，那么手包就要与花色顺色了。我用得最多的晚装手包是黑色的，基本百搭。

在伦敦，较为隆重、着装要求为白领结礼服的外事场合，是女王宴请他国国家元首，或者由金融城市长代理举办的宴请外国元首的较大规模国事活动。

金融城颇多典故。英文名称是The City of London，听上去像是包括了整个伦敦。实际上，金融城指的是泰晤士河北岸、圣保罗大教堂东侧、被当地人称为“那一平方英里”（the Square Mile）的区域。中文翻译成金融城是恰当的。伦敦始建于公元43年，从历史和地理意义上讲，金融城与另一个古老的行政区威斯敏斯特市（the City of Westminster）一起，构成了通常所说的大伦敦[2]（the

1 参见德布雷特官网https://www.debretts.com/expertise/etiquette/dress-codes/white-tie-dress-code/。

2 大伦敦是一级行政区划，包括33个次级行政区。

首饰的选择是颇具个性化的事，可以很好地体现自己的风格。原则上讲，日装佩戴首饰宜克制，少而精，晚装首饰可以相对隆重一些。这里是几个首饰的样例。珍珠项链和耳环，如图6、7，是最常用的首饰，日装可以搭配中等或者小粒珍珠首饰，晚装可以搭配大粒珍珠首饰，镶钻珍珠只适用于晚上的场合，如图9。中式旗袍特别重视颈部的修饰，盘扣和镶边的色彩已经很饱满，我会选择只戴耳环或者耳坠，不戴项链。图2、4、10、12搭旗袍也是恰当的。低领无袖晚装长裙可以搭配稍夸张一些的耳坠，不一定需要戴项链。

1

2
3

4

7

6

5

8

9

10

图1是典型“毛衣链”，除了搭毛衣，也可以用在圆领真丝衬衣上，搭配相同材质耳环，适用于公务活动或者早餐、午餐。女士穿西服容易显得单调，在内搭上戴一个长链能增色不少。图3、8、13这类装饰性项链适用于观看戏剧等文化活动。图5、11的戒指适用于晚装，应与耳环相呼应。

11

12

13

Greater London）的核心发端地。

金融城不受伦敦市政府管辖，有独立的政府、议政厅、议事厅和自己的市长、法庭、警察。市长是金融城的最高管理者，全称为“最尊贵的伦敦市长大人”（the Right Honorable Lord Mayor of London），这是个荣誉性职务，每年通过选举产生，任期一年。2019年11月当选的威廉·拉塞尔（William Russell）已经是第692任市长。

金融城市长的责任是代表政府向世界宣传英国的金融服务，接待来访的各国重要宾客。2007年6月我上任后不久，就接到一份金融城市长的晚宴邀请函，我和先生郝时远一起参加。晚宴在金融城市政厅举行，这座古老建筑的主体部分兴建于公元15世纪，数百年间几度失火，又几度修复，今天所呈现的雄伟外观基本上是18世纪以后保留下来的样貌。宴会厅是市政厅的主要构成之一，可以同时容纳300~500人。这个长约50米、宽约15米、高约27米的巨大空间，有着典型的巴洛克装饰风格。大厅两侧矗立着一些历史名人的大理石碑雕，包括纳尔逊海军元帅、威灵顿公爵和皮特、丘吉尔等政治家，四壁的罗马式大窗户上镶嵌着历任市长的名字。

晚宴的着装要求是白领结礼服或者民族服装。老郝穿的是他那套经典的黑色中华小立领，非常适合当晚的环境。我选择了一件中式偏襟的紫红色丝绒短上衣，配一条黑色中长裙。这套衣裙看上去还算优雅，但是，进入这个金碧辉煌的欧式古典宴会厅，就多少显得有些不合时宜了。尤其在人多的场合，空气沉闷，大部分女士都采用了露肩的丝质长裙，我的丝绒材质长袖高领上衣显得有些厚重，裙子长度未及脚踝，庄重感不够。我还穿了一双在东南亚晚宴比较适合的平跟凉拖，以至于从酒会向宴会厅转场下台阶时，总担心鞋子会掉。

不同的国家和民族，礼仪服饰有着不同的特点，与各自的历史、气候和民族性格都有关系。相比英国，澳大利亚的外交礼仪和着装要求随意得多，我在堪培拉任中国大使的几年间很少用到晚礼服，而到了英国，标准随之改变。第一次出席这样的场合显然把握得不够准确。

那天还发生了一桩令人啼笑皆非的小插曲。进入宴会厅的时候，在台阶顶端的雕廊上，站立着几名身着金色复古礼服的小号手，每位客人入场时他们都会吹号以示欢迎。这时，戴着白色假发的宴会典礼官会高声唱名，被点到名字的使节夫妇或者其他宾客拾级而上，大厅里的人们纷纷将目光投向门口，关注来者是谁。当我和先生老郝一同出现时，礼宾官宣布了中国大使夫妇的到来。

我的前任查培新大使已经在两个月之前离开伦敦，经过一段没有中国大使的空档期，人们对新大使的初次亮相也有所好奇和期待。于是，我们刚一进入大厅便有几位使节迎上来。不过他们都以为老郝是新上任的中国大使，将他团团围住。

老郝用英语支应着，向他们递上名片，不断地解释着："I'm Professor Hao."（我是郝教授。）然后指着站在身后的我，说："Mrs. Ambassador is there."（大使女士在那边。）

不过在英语里，"Mrs. Ambassador"既可以指女大使，也可以指大使夫人，老郝的用意是前者，但是显然被理解成了后者。所以，使节们仍然围着他询长问短。

我站在后面，插不上话，无可奈何地看着老郝的汗水顺着后脖子往下淌。终于，有位大使意识到似乎有点儿不对劲，钻出人群来到我的面前，恍然大悟地升着调儿说："You're the Chinese Ambassador!"（原来您是中国大使！）我回答说："Yes. I am the Chinese Ambassador. He's my husband."（是的，我是中国大使。他是我的丈夫。）

这位大使回头看看我先生的窘况，也忍俊不禁："He's such a

nice man.”（他真是个好脾气的人。）

我说：“He’s now being bombarded.”（他正在忍受一场“轰炸”。）

这时，大家渐渐回过神儿，向我围了过来。我和他们交谈着，用余光看到老郝站在那里擦汗，一副惊魂未定的样子。

其实，我在三任驻外大使期间，只要与先生同时露面，类似的情况总是难免会出现。无论是在国内还是国外，人们容易秉持传统观念，对女大使的认知和接受程度有限，说到大使，总认为应该是男士。我与老郝被错认的情况经常发生。

作为女性，服饰的选择需要考虑身份。如果属于职业人士，除了要符合请柬上注明的着装要求，在服装的款式上还可以更加利落，凸显干练的职业风貌。如果女士不是以职业身份出现，而是作为夫人出席活动，那么礼服的款式和颜色可以更为时尚、亮丽，体现女性的柔美。

我选择服饰秉持的原则是：什么场合穿什么衣服，居中就好，恰当比华丽更重要。形式为内容服务，当你的服饰和形象符合环境，体现出对主人和其他宾客的尊重，让别人感觉舒服，就会让自己也感觉舒服。作为外国人，在出席外交场合时，穿着标准可以略高于平均水平。这不是为了比别人更漂亮、更突出，而是显示作为客人的礼貌和对驻在国礼仪的尊重。

另外，需要申明的是，这本书中介绍的礼仪、服饰规则聚焦于英国，不仅因为这是我所学习和了解到的，也因其代表着当今世界通行的外交礼仪和服饰的标准。诚然，在欧洲其他国家以及亚非拉国家和地区，也都有各自的独特习俗，在礼仪和服饰的要求方面，有的十分严谨，有的略为随意，有的更偏重民族风情。

每个国家的服饰规则都基于其传统和历史文化，某种意义上，也体现着不同的民族性格。比如在法国，人们追求简洁优雅的调性，女孩从小被教育遵循“黑白灰”三种颜色的标准，这样穿永远不会出错。而西班牙国民性格比较热情奔放，女孩子从小就偏爱明艳大胆的色彩。

与此同时，随着时代变迁，僵化刻板的教条也在不断被冲击和淘汰，能够承袭、演变至今的礼仪规则，大多与当代生活相适应，得到社会基本共识的支撑和人们的共同遵循。

穿西式晚礼服搭黑色手套出席着装要求为白领结礼服的晚宴

1 2 3

这是出席“黑领结礼服”晚宴的几个女装样例。女士最好选择长裙而不是裤装，可以是拆分的两件套，如图1，也可以是连衣长裙或者旗袍。晚装质地最好是丝绸或者织锦缎，如图2的重磅真丝改良旗袍、图3的织锦缎传统旗袍。

这是出席“白领结礼服”晚宴的几个女装样例，这种场合着装的要求最为隆重，女士裙长须及脚踝，应是连衣长裙，如图2。可以选择民族服装，如图1的传统旗袍，或者图3、4的改良旗袍，天凉时搭披肩也是必要和适宜的。

1

2

3

4

胸针：无言的个性表达

对于我这个年纪的普通中国女性来说，大约是在20世纪90年代才在国内市场上见到胸针，在涉外友谊商店橱窗里能看到样式更加精美、有着景泰蓝和珍珠装饰的胸针。进入21世纪的中国，市场极大丰富，各色胸针琳琅满目，选择空间很大。

胸针的特点是能够体现出一定的仪式感，出席正式场合活动时，即使时间仓促来不及更换衣装，戴上一枚胸针就可以对着装起到很好的点缀和提亮作用。

不过，也正是因为胸针的装饰感强，如何选择适合自己的胸针，乃至找到属于自己的风格，从花色类型到佩戴方式、佩戴场合的选择，需要一定的经验积累。对我而言，也是经历了一个过程的。

最初，我的胸针款式是“入门级”的，主要是那种金属铸造的，例如有长城或者花束图案，谈不上有什么个性。我很喜欢全国妇联主任顾秀莲赠送的有着“女”字图案的水晶胸针，经常佩戴。随着对胸针需求的增加，也因为有机会见到国内外市场上款式多样的胸针，不禁常有挑花眼的感觉。

女儿提醒我，选择胸针宜专和精，不宜多而杂，否则难以形成个人风格。我想了想，自己喜欢小动物，决定将胸针选择限定于动物。于是，我陆续添置了豹子、小狗、天鹅、马头琴、蜜蜂、瓢虫、蜻蜓等图案的胸针。记得在毕加索博物馆的礼品店里见到一枚和平鸽胸针，是按照他1952年为维也纳世界人民和平大会所作的简笔画造型制作的，当时因为价格太贵，擦肩而过，后来每每想起都有些遗憾。

从感受上讲，因为自己确实喜欢这些小动物胸针，可以久戴。有时能遇到胸针和衣服上的图案相呼应，效果会意外地好。例如我在上海定制过一件有着手绘花草图案的中式长款丝质上衣，店里还恰好有相同色调的丝质蜻蜓胸针，搭配起来蜻蜓与花草遥相呼应，非常动人。有了明确的目标，遇到其他款式无论多么打动我、多么物美价廉，也不予考虑了。另外，除了选定图案类别，颜色依然是考虑因素之一，比如，金色、银色的胸针可以各有一枚，搭配相应的服饰就够了；蓝色、绿色的胸针也需要有，便于搭配相应的服装。

有一年过生日，老郝送我一枚玫瑰花胸针，增添了新的类别，由此我开始增加植物花草图案的胸针。直到现在，我的胸针也限于这些类型。秋天，我常在西服外套上佩戴一枚在希腊买的金色树叶胸针，内搭姜黄色丝绸衬衣，走在清华园两侧满是金色银杏的南北主路上，显得格外和谐。

胸针的款式最忌雷同。我的做法是尽量避开“大牌”和流行款式。有一次去俄罗斯出差，在酒店门口的二手市场上淘到过几枚苏联时代的胸针，粗粗笨笨，倒也可爱别致。我偏爱较为抽象的图案，韩国生产的这类胸针花样特别多，简洁粗犷，很适合公务环境。

胸针的佩戴方式并无一定之规，完全取决于个人习惯。我倾向于戴胸针时就不戴项链了，这两个装饰只选其一，尤其是日装，否则会有点过度装饰的感觉。我观察到，英国女王伊丽莎白二世常常同时佩戴项链和胸针，但是也有明显区别，当其中一个比较大和显得突出时，另外一个就会小一些，不那么突出，而且彼此之间存在着呼应关系。例如，如果她戴的是珍珠项链，胸针上也会有珍珠装饰。英国王室的年轻女性很少同时佩戴胸针和项链，往往只戴一种。

戴胸针的同时可以佩戴耳环，需要考虑两者之间的协调和呼应。最妥当的搭配是用珍珠耳环搭配有珍珠的胸针，用水晶或者钻石耳环搭配有闪亮装饰的胸针。颜色最好是一致的，但是撞色甚至样式上各具特色也不失为一种选择。

胸针的“常规戴法”是别在左侧胸前，肩膀以下10厘米处。可以根据服装款式和胸针造型的不同做出调整，比如可以别在外套翻领上，或者别在深V礼服的胸口正中。穿旗袍时可以在高领部位的中间别一枚圆形胸针。如果格外追求别出心裁，甚至可以尝试将胸针别在帽子上，或者礼服的腰间。把胸针戴在右侧胸前也没有什么错，我习惯佩戴在左肩，感觉更方便一些。

胸针与衣服的最佳搭配是“试”出来的，我往往会拿出两三种胸针，逐一摆上去比对效果。基本原则是胸针本身要具备一定的辨识度，但是不能太抢眼。我有一枚白色的水晶胸针，佩戴在任何衣服上都很夺目，让人第一眼就会不由自主地看向它，但是也正因为如此，我很少用到这枚胸针。另有一枚黑白相间的胸针，模样就低调得多，搭配黑色衣服、白色衣服都浓淡相宜。照理说黑白花色的衣服是不好搭配胸针的，自身花色已经有点“乱”，而这枚胸针佩戴上去，也显得恰到好处。

有时胸针的作用不仅在于外观上的装饰，更是为了形成视觉上的平衡。我有一件中式的中长款外套，版型偏中性，质地是重磅真丝，穿上这件外套如果一点其他装饰都没有，会显得有点生硬。但是，这件衣服面料柔软，不适合用金属胸针，一是丝质衣服承受不了金属胸针的“坠”感，二是金属质地与丝质面料很不协调。这时，一枚棕色绢花胸针就派上了用场，尽管它佩戴在这件外套上不显山不露水，没有什么辨识度，但是近处看还是能增添女性柔和感的。

美国前国务卿玛德琳·奥尔布赖特（Madeleine Albright）喜欢佩戴大且醒目的胸针，不过往往也不会同时佩戴项链。2009年9月她出了一本书，叫作《读我的胸针：一位外交官珠宝盒里的故事》[1]，讲述了自己利用胸针的不同造型所表达的态度和达到的效果，例如，“外国政要如果看见我的外套上别的是金光闪闪的太阳，自然要比看见来势汹汹的大黄蜂要高兴点儿”。书中令人印象深刻的是这样一个观点：“胸针天生具有表情达意的功能。优雅也罢，平凡也罢，它们能在很大程度上揭示出我们是怎样的人，以及希望怎样被人看待。”

我与玛德琳·奥尔布赖特在各种国际论坛上有不少交集，作为女性和前外交官，我们有许多共同感兴趣的话题，也免不了发生针锋相对的争论。熟悉之后，她来中国也会相约早餐或者晚餐。为了表达对中国的友好，她会佩戴一枚大大的熊猫胸针，或者其他与中国相关的图案和颜色。她注意到我也喜欢佩戴胸针，给我讲述过她的各种胸针故事，对我的中式纽扣胸针也颇感兴趣。

我自己不倾向于选择太过政治化的符号，不会采用过于浮夸的样式，但是，我在外交场合佩戴胸针时也要考虑环境，力求表达友好的含义。例如我有一枚绿色的火烈鸟胸针，出访土耳其时就佩戴了它，因

1 [美]玛德琳·奥尔布赖特.读我的胸针：一位外交官珠宝盒里的故事[M].邱仪，译.桂林：广西师范大学出版社，2011：20，161.

为绿色是他们国旗上的颜色。出访伦敦时，我会佩戴一枚英国的复古胸针，交谈中对方往往能从这枚胸针中读到他们熟悉的信息，从而活跃气氛，打开话题空间。作为外交官，我希望更多地借用这种无声的语言，传递中国人关于友谊与和平的信息。

1

这里是几个胸针样例，多用于日装，基本原则是与服装颜色相协调，米色衣服适合棕色基调的胸针，如图6，白色衣服可以佩戴黑色胸针，如图10，黑衣服可以佩戴图中任何胸针。胸针可以与上衣的内搭颜色一致，例如，穿一套有白色细条纹的灰色西装、搭白色真丝衬衣时，在西装上佩戴一枚白色珍珠胸花，如图2。

2

5

3

4

6

7

或者，穿一套藏蓝色西装，内搭姜黄色真丝衬衣，西装上佩戴一枚金色树叶形胸针，如图7。花色上衣就不一定需要胸针装饰了。图1、8适用于有红色元素的服装。晚装旗袍如果盘扣不突出，可以考虑在立领正中戴一枚醒目的圆形胸针。

8

10

9

MY ETIQUETTE JOURNEY

MY ETIQUETTE

JOURNEY

第三章

我们需要「国服」吗

中国人是否需要“国服”？这个问题由来已久。过去十多年间，有不少人大代表、政协委员和专家学者提出设计国服的建议，也有人提出“中华服”等设想。2006年上海国际服装文化节曾以“和谐·时尚·国服”为主题，邀请海内外专家对此建言献策。

随着中国人在国际事务中越来越活跃，在出席其他国家的正式庆典和礼仪等国事活动时，如何选择服装成为一个颇费思量的问题，经常有人向我咨询这方面的意见。

在英国出席国事活动时宴会的着装要求是黑领结礼服或者白领结礼服（Black Tie / White Tie），在有些东南亚国家出席国事活动时会要求穿“巴迪”。这类场合都会为外国宾客提供“民族服装”的选项，也就是说，来宾可以穿本国的国服。亚洲许多国家都有自己的民族服装——韩国人有“韩服”，日本人有“和服”，越南人有“奥黛”，菲律宾人有“巴隆”[1]（男士）和“特尔诺”[2]（女士）、泰国人有“帕叻差他服”[3]（男士）和八种女士民族服装[4]，等等。

1 一种丝质紧身长袖衬衣，领口如同普通衬衫，袖口如同西服上装。

2 一种圆领短袖连衣裙，两袖挺直，高出肩部稍许，宛如蝴蝶展翅，所以也称“蝴蝶服”。

3 意为“御赐服”，具体分为：短袖款、长袖束腰款、长袖不束腰款。其中长袖束腰款是最正式的礼服。

4 20世纪60年代，泰国王后诗丽吉设计和规范了八种女士民族服装：兰顿服、吉叻达服、阿玛林服、布笼皮曼服、却克里服、扎克拉帕服、杜锡服、悉瓦莱服。各有不同的适用场合。

中国人遇到这种场合怎么办呢？女士选择空间比较大，可以穿旗袍，穿西式晚礼服也很常见。而男士如果不采用当地的礼服，就需要有相应的中式礼服。严格意义上讲，在请柬标明要求着晚礼服的场合，男宾客穿普通西装出席是不妥当的。

那么，我们是否需要适合当下中国人需求的礼服呢？

西风东渐

服饰的起源和演变与政治制度相生相伴。中国古代自西周开始就有自己的服饰制度，《周礼》《仪礼》《礼记》中都有记载，至魏晋南北朝已经有多元化服饰发展的趋势。到了清朝，舆服典制非常规范翔实，甚至可以称为繁复，衣服的样式、颜色和材质，按照社会地位的高低、场合仪式的不同，都有明确规定。

进入20世纪，中国人的服饰观念在大的社会变迁冲击下发生了很大改变。1911年爆发的辛亥革命，推翻了清王朝的统治，结束了中国两千多年的封建制度，象征着封建等级的舆服制度随之被废止。孙中山领导下的中华民国革除了大部分前朝服饰制度，顶子、翎子一概废止。这期间，官方服制从过去厚厚一本书变成了薄薄几页纸。

民国初期的中国面对着全新的国内外环境，尚来不及形成被社会广泛接受的统一新服装式样，出现“乱穿衣”的现象。从那个时期留下来的照片中可以看到，军人出身的政治家经常穿的是军便服，而黄兴这样的革命者则常穿西装，倡导议会政治的宋教仁推崇西装和立领衬衣。孙中山宣誓就任“临时大总统”时穿的是西式燕尾服，后来，他以“博采西制”“尽易旧装”为原则，联合技艺精湛的裁缝设计出中山装——从形制上看，似乎吸收了苏联双排扣“列宁装”和日本士官制服的一些元素，但是在文化内涵和象征意义上，有着鲜明的中国时代印记，表达了与封建服饰彻底决裂的态度。

中山装

北伐成功之后，中山装被确定为中国高级官员的服装。中山装的服饰规则没有对是否应该穿衬衣和马甲做出限制性规定，这一点颇具实用性。不过，那个时代许多官员和学者在非正式场合仍然会穿长袍马褂，彼时的长袍马褂已经是清朝宫廷服装的简化版。

1945年毛泽东和蒋介石在重庆谈判时，穿的都是中山装。1949年10月1日在天安门城楼上举行中华人民共和国开国大典，从历史照片上看，许多领导人穿的是中山装，亦有穿军装和穿西装打领带的人，也有长者穿着长袍。在其后的岁月里，中山装得以进一步改良，从20世纪50年代毛泽东主席着中山装的照片看，两肩更加平整服帖，领口加宽，不再紧扣喉部，翻领变得大而尖，前阔、后阔、中腰和袖筒都适当放宽了。这种改良版的中山装被外界称为“毛式制服”，国内统称为“中山装”。

中国在20世纪上半叶始终处于战争、动荡之中，没有机会和条件形成普及于民的现代礼仪服饰，也缺乏这样的经济条件和社会环境。新中国成立后的相当长时间，百废待兴和建设需求是国家和人民关注的重点，服饰和审美排不上社会议程，一直到了20世纪60年代初，随着经济恢复，中国人的服装开始更加多样化。1966年往后，学生们的“造反”思维主导了对服饰的选择，年轻人穿一身绿军装是当时最帅气的形象。及至20世纪80年代，蓝色和灰色的中山装仍是城市男士的流行装束，女士也相应地流行蓝色或者灰色的翻领直筒上衣和宽大的裤子。

我对小时候穿花裙子还有一些记忆。1965年夏天，母亲的好友杨曼阿姨带我到商店选了一块淡绿色“泡泡纱”布料，做了一条半裙。她知道我家要时常接济在农村的亲戚，布票紧张，母亲舍不得买布为我做裙子，特意给我做了这条裙子，作为上初中的礼物，也是之后几年夏天我最心仪的裙子。1970年我离开城市，加入内蒙古生产建设兵团参加劳动，兵团每年给我们这些战士发两套军装。不过兵团装与正规军装的质量有很大差距，是本色粗布染色之后制作的，新装发下来时是草绿色，洗一次就开始掉色，多洗几次基本就变成了米白色。上衣和裤子都非常宽大，几乎能装两个我。回家探亲时，同学笑我穿的是“大青山面袋”。

进入20世纪80年代，改革开放推动着社会思潮变革，服饰潮流悄然发生变化。例如，在大城市照相馆的橱窗里会挂出“摩登”的格子布大号夹克，可以借了穿着拍照，照相时在腰后用夹子捏住，正面看对任何人都挺合身。

服饰在一定意义上也是社会气氛的体现，一种服装的流行会承载一定的政治符号。1984年10月1日国庆阅兵时，我在天安门城楼上为出席的外宾担任翻译。当时的领导人大部分穿着中山装，但是已经有人穿西装了。邓小平主持阅兵仪式时穿的是中山装，这个传统也延续了下来。20世纪80年代西装作为改革开放和时尚的象征在中国开始普及，人们穿西装体现的是向国际社会的开放和融入。直至现在，西装在中国仍然是合规的官方正装，在包括国事活动在内的正式场合，请柬上着装要求的常规标注是“正装”，也就意味着要求穿西装。

中国从战乱、动荡走向和平、稳定，从被封锁到实现改革开放，人们在各种大潮大浪的冲击下，在“东风”“西风”“古典”“现代”的碰撞中，不断试探和摸索，寻找着自身的现代礼仪和服饰路径。

从“唐装”到“宋锦”

进入21世纪以来，中国两度担任亚太经合组织（APEC）领导人非正式会议的东道主。这场多边活动有一个特殊的环节，就是由东道国向出席会议的其他成员方领导人赠送一套具有本民族特色的服装，各国领导人要在最后一天穿上这套衣服进行大合影。这个安排既是为了鼓励传播本国文化，又旨在体现“亚太大家庭”的意思。

这一传统始自1994年的印尼茂物会议，时任总统苏哈托向来宾赠送了印尼国服:传统蜡染布做的“巴迪”衬衫。茂物会议之后，这个做法被后来的主办国继承下来，菲律宾的“巴隆”、智利的“查曼托”、越南的“奥黛”，以及文莱、印度尼西亚、澳大利亚、秘鲁等国的特色服装，都曾作为主办方的民族服饰在各届APEC会议上亮相。

这在一定意义上刺激了我们对“国服”的需求和探索。中国人的现代民族服饰应该是什么样的呢？

2001年10月，亚太经合组织会议在中国上海举行，二十个国家和地区的领导人身着红、蓝、褐或者绿色的中式对襟唐装，在上海科技馆楼前合影。这个画面令人惊艳，“唐装”成为当年关于亚太经合组织会议的高亮词之一。

唐装此时进入国际视野恰逢其时。20世纪末，在北京、上海、广州等城市街头已经有一股复古风在流传。或许是受到王家卫电影《花样年华》的影响，张曼玉在影片中将旗袍演绎得风情万种，唤醒了人们对中国服饰之美的记忆。或者是随着国家经济水平、国际地

位的提升和民间财富的积累，人们开始回归基因深处的审美观念。一时间，年轻姑娘们纷纷钟情于绣花盘扣小袄和腰身纤细的旗袍。而以传统马褂为原型的对襟中式男装也开始在一部分男士中走俏，被称为唐装，其版型很大程度上采用了西装的剪裁方式，看上去挺括、精神。中国主办亚太经合组织会议时，选择这种服装赠送给出席会议的各国领导人，有天时地利人和之便，也给这股中式时尚风潮增添了助力。

中方作为主办方，会前向各国领导人提供了多种颜色的织锦缎面料供选择，提前索要了尺码，合身定制，宾客抵达时，房间中已经摆放着一套精美的唐装。大部分亚洲国家领导人对唐装是接受和欣赏的。例如，时任日本首相小泉纯一郎穿着宝蓝色唐装颇有些自然天成的味道。晚宴后，他回到酒店独坐于大堂，欣赏中国民乐演奏许久。人们看着他笔挺的背影，笑称可能这身扮相太帅，使得他不愿早早回到房间。而欧美国家领导人对穿唐装却不那么适应，从照片上可以看到，有的男士没有系住唐装和里面衬衣脖领处的扣子。织锦缎在西方服饰中，尤其对男士而言，大抵是用于睡袍的面料，据说当时有两位领导人还相互商讨是否要穿这套“睡衣”礼服出镜。

作为国服，不仅需要体现传统，也要跟上现代社会生活步伐。唐装虽然集诸多中国元素于一体，但是终因其过于华丽而难以成为广为接受的正式场合中华礼服。

2007年夏天我赴伦敦就任中国驻英国大使，英方安排我于6月12日向女王递交国书。为此，英国外交部礼宾司邀请我和先生郝时远提前一周前往外交部，礼宾司司长和副司长花了近一个小时的时间，分别向我们夫妇二人详细介绍递交国书的程序和礼仪规则。届时王宫将派出两驾传统的皇家马车[1]到使馆迎接，请中国大使夫妇和陪同的四位资深馆员分别乘坐。递交国书的着装要求是晨礼服或者民族服装。礼宾司司长特意说明，当天女王接国书的时候将着日装，这是因为仪式是在女王家里举行，她采用日常装束迎接。

届时王室外交使团典礼官（Marshal of the Diplomatic

1 根据英国王室惯例，迎送递交国书外国使节的是两匹马拉的皇家马车，迎送英联邦高官的是四匹马拉的皇家马车。

2007年6月12日在伦敦白金汉宫向英国女王伊丽莎白二世递交国书

Corps）会随车迎接并且陪伴，他将身穿饰以金边的大礼服，镶着高高的肩章，头戴三角形礼帽。外交部礼宾司司长是位女士，她也要着日礼服，戴礼帽。听上去都仪态庄严。礼宾司司长委婉而又恳切地嘱咐我先生老郝："无论您平时多么习惯于穿西装，在这个场合拜托一定要穿礼服。"礼宾司司长显然希望我们在这样严肃的场合能够选择恰当的服饰。

我赴任之前对此有所准备，定制了一套中式礼服。在听取朋友们各种建议的基础上选定了一块黄底青色图案的织锦缎面料，上面的金色暗纹呈现珍珠般的光泽。样式是我与设计师燕迪一道商量出来的，采用了硬朗的中式立领，青色的滚边与织锦缎上的图案相呼应。为了上下台阶方便，我没有采用旗袍样式，而是做成长款上衣，有一点燕尾服的味道，搭配蓝色真丝长裤，整体感很好。为了避免与女王“撞衫”，我提前打了招呼，说明我的礼服是黄底青色图案的。

我第一任做大使是在菲律宾。那时我穿旗袍比较多，常常因为服饰过于女性化而被当作“太太”对待。我在使馆举办招待会时，与老郝站在门口迎接来宾，老郝会刻意与我错后半步。然而，总有人会忽视我的存在，直接先与站在后面的老郝握手，表达感谢和祝愿。有时我去酒店出席国事活动，大堂门童拉开车门相迎，看到我是女士，以为是大使夫人，扶我下车之后会跑到车的另一边，拉开车门去迎接“大使”。

递交国书之后在时任王室外交使团典礼官弗格斯爵士陪同下与郝时远乘坐敞篷马车走过林荫大道

有一次我出席一场官方仪式，进门后负责登记的工作人员请我在旁边等一会儿。等了好一会儿，见许多大使都进去了，我有点诧异，就问：是否轮到我了？工作人员很客气地说，等到大使他本人（himself）到了，就可以直接进去了。我意识到自己被视作大使助理了，也客气地回复说，大使她本人（herself）在这里已经等候一会儿了。这位工作人员慌忙道歉，一直送我到中国大使的座位。

这让我意识到社会观念当中对大使的形象有一定的预期，而服饰表达着一定的身份含义。我开始刻意地调整自己的着装风格，尤其是日装，更多选择西式套装，或者中式长款上衣。此次向英国女王递交国书时穿的中式礼服就更多强调了帅气的一面，包括加了垫肩等中性化元素。

在向女王递交国书时，陪同我的老郝穿的是在“红都”定制的黑色“中华小立领”，挺挺括括，东方气息十足，应该没有辜负英国礼宾司的一片苦心。

我曾经结识一位中装品牌的创始人杨秉坚先生。他在世时坚持推广中式服装，强调中国人要尊重自己的民族服饰，才能赢得别人对中式服装的了解和认知。他创立的品牌重点推介中式男装“中华小立领”，既蕴含传统服饰的元素，又纳入了现代衣着的刚毅感，内搭立领白衬衣。为了增强舒适度，他在剪裁上做了各种尝试，包括根据中国男士的身材在肩部和胸部都适当放松。

近年，中国领导人和夫人在重大国际场合开始以中式礼服示人。例如2015年中国领导人对英国的访问中，在着装要求为白领结礼服的晚宴场合，身着深色中式礼服，样式参照“中华小立领”，但

黑色毛料质地的“中华小立领”男装适合于着装要求为黑领结礼服和白领结礼服的场合

米色棉麻质地的“中华小立领”男装适合于非正式的日装场合

是增加了口袋巾的现代元素，而且做工更加精良。夫人的衣着美观、典雅，尽显中华文化的现代表达，既符合国际规范，又突出民族特色，开启了中国领导人出访着装的新风格和新范式，为出席类似场合的国人提供了新的参照。

2014年冬天，亚太经合组织领导人非正式会议在北京召开，时隔13年中国再次成为东道主。这次中方为与会嘉宾准备的“新中装”做工更加精细，为宾客带来正宗的现代中国风。男式上衣采用的是提花万字纹宋锦面料，饰海水江崖纹，立领、对开襟、连肩袖，一字盘扣，外套有直下摆和圆下摆两种供选择，内搭立领重磅真丝衬衫。可以选择的颜色有故宫红、靛蓝、深紫红、金棕和黑棕色。女式衣服采用的是双宫缎面料，立领、对襟、连肩袖外套，可以选择的颜色有孔雀蓝和玫红。夫人们的是开襟、连肩袖的外套，内搭立领旗袍裙，图案多为花卉兰草，体现女性柔美，可以选择的颜色有孔雀蓝、深玫红、紫罗兰、藏蓝色。这些服饰所表达的中国传统文化元素通过优质的面料和柔和、文雅的服装样式得到充分展现。

“新中装”礼服是一次广泛征集设计方案的结果。经过筛选之后，有六位设计师的方案入围，各有千秋，最终，六种方案被择优整合，形成了这套出色的礼服。不过，或许正因为是“六合一”的结果，其款式和制作工艺都较为繁复，难以流行起来。

旗袍是中国女士礼服的首选

回顾旗袍的百年变迁不难看出，它当之无愧是中国女性最具仪式感、最能体现端庄典雅之美的礼服。

1929年，依照南京国民政府颁布的《民国服制条例》，长身旗袍被确定为女子国服。此时的“旗袍”已经是在清朝传统旗女之袍的基础上改良的结果，腰身宽松平直，袖口宽大，去除烦琐装饰，而且多采用纯色棉布质地，一度风靡于都市女青年和女学生之间。

20世纪30年代是旗袍的鼎盛时期，式样逐渐发生变化，最明显的是胸形和腰线更加合体，采用西式剪裁，勾勒出女性的柔美曲线。这种改良款旗袍在立领、右衽、开衩等形制上逐渐定形，被称为“海派旗袍”。往后两个10年，中国经历了无休止的战乱，经济萧条、物质匮乏，旗袍的款式和工艺越发趋向简洁和实用。

1949年新中国成立后，劳动者的简朴之风兴盛起来，旗袍渐渐沉寂，不再是中国女性的日常服装。取而代之的是淡化性别特征、突出革命色彩的列宁装、布拉吉[1]和军装。

又过了30年，伴随着改革开放和经济发展，中国人对服饰的需求更加多样化，国际交往也日益增多。1984年国务院指定旗袍为女性外交人员礼服，作为传统文化的一部分，旗袍回归社会视野。2011年5月23日，旗袍手工制作工艺成为国务院批准公布的第三批

1 俄语“连衣裙”的音译。苏联女英雄卓雅穿着布拉吉就义，赋予它革命与进步的意义。

国家非物质文化遗产之一。

但是，在现实生活中旗袍穿着的适应性存在不少局限，穿旗袍骑自行车的街景昙花一现，日用旗袍终因与日常生活脱节而被束之高阁。一些来访的外国人虽然非常喜欢旗袍，但是也大多不敢问津，一位朋友向我感慨：这是一种穿上之后只有站着才能保持美感的服装。

穿淡色传统旗袍出席夏日的招待会

我对旗袍的最初体验是在20世纪80年代，当时在外交部当翻译，出国比较多，经常需要出席有晚礼服要求的国事活动。我在杭州出差时买过一块雅致的紫色花纹真丝面料，在北京做了一件合身的旗袍。一次出国作为翻译陪同领导人出席晚宴，按照请柬中着晚礼服的着装要求，我穿了这件旗袍前往。

代表团抵达宴会地点之后，主宾一下车就要与迎在门口的对方领导人握手和交谈，翻译需要及时到位。我坐的那辆车排在比较靠后的位置，车刚停稳我就赶紧推开车门一路小跑往前赶。这时才发现穿旗袍非常不合时宜，首先是根本迈不开大步子，加上需要经过一片鹅卵石子广场，踩在上面可以用踉踉跄跄来形容，不到20米的距离，对我可谓既坎坷又漫长。幸好天色已暗，我在尽可能保持姿态体面的情况下及时赶到门口，没有影响工作。从那以后，我在当翻译期间再也没有穿过旗袍，这个教训也成为同行们的共同经验。

再穿旗袍就是多年以后了，20世纪90年代在驻外使馆工作期间，旗袍逐渐成为我出席国事和其他重要活动时的首选。旗袍庄重和典雅的效果可以很好地体现中国外交官的文化姿态，但是，穿旗袍的优雅是有代价的。英文形容包容度比较高的衣服用Friendly（友好型）这个词，即中国人常说的“不挑人”。而传统旗袍的款式对女士来说，不仅行动受到限制，在形体和举止上也有近乎苛刻的要求。

首先，旗袍的美感源自领子高，而且紧扣脖颈，能够凸显女性的优雅，却也对行动造成比较大的约束，尤其是晚宴场合，低头进餐时都需要时时稍微抬着点下颔。

其次，旗袍从腰部到肩剪裁合体，美则美矣，对体态的要求也比较高，需要保持上身笔挺板直，否则就会影响美感。如若要穿大衣，就非得有人帮忙不可了。

最后，旗袍因为臀部收得很紧，为了不影响走路，需要有比较高的开衩，因此，行走起来只能迈小步，以免有暴露过多之嫌。我经常随身携带一条围巾，坐下来时盖在腿上，既保暖，也能有所遮挡。旗袍能不能开衩低一些呢？问题是，那样会更加限制行动，上下车都变得困难。

虽然旗袍有诸多“不友好”之处，但是，我作为观念相对传统的中国女性，难以驾驭西式露肩礼服，旗袍仍是我不可替代的礼服。为了克服旗袍带来的不适感，我根据自己的经验在定制旗袍时会做许多改良，例如，将领子的高度减半、领围放宽，增加舒适度；下摆不开衩，采用A字形大摆，以行动自如为准则，等等。另外，旗袍面料和颜色的选择需要考虑环境，原则上讲，晚装场合太艳丽和大花图案面料的服装会不太适合。

所以，关于旗袍，既然选择了它，就要尊重其“规矩”，维护自身形象。穿上旗袍那一刻起，身板就必须保持挺拔，或行走，或坐下，都要端住旗袍的范儿，如果因为累了就松开领口的扣子或者靠墙随意站着，不仅旗袍的美感全然丢失，形象也会受到影响。

周边国家在传统服装上与我们有许多相似之处。我在越南领略过当地女孩子是如何培训体态的。她们身着飘逸的白色奥黛——上装与旗袍的紧束款式相似，从腰部开衩到底，里面搭的是蓝色阔腿长裤——每个人头上顶着一本书，款款向前走，上身又稳又直，肩部几乎纹丝不动，下身随着迈开的步伐微微有些摆动，极具飘逸感。

服饰是文化的外在表现，个人对服装的态度和选择表达的是他/她的自我定位和内心归属。而“国服”应该是国家形象的一部分，其式样不仅要平衡传统和现代元素，也需要能够为社会大众所接纳和欣赏。那么中山装、唐装和旗袍，这些现成的选项是否能成为“国服”呢？在悠久的历史和灿烂的文明面前，什么样的服饰才能撑得起中国国服的“品牌”呢？这个问题尚无答案，而中华文化和服饰的故事在时间的长河里将继续被书写着。

下摆放宽的改良款旗袍适合日间正式活动

MY ETIQUETTE
JOURNEY

第四章

温莎城堡之夜

——体验王宫礼仪

位于伦敦以西大约35公里的温莎城堡，是英国女王伊丽莎白二世的行政官邸之一，也被称为当今世界有人居住的最大宫廷城堡之一。2009年4月8日星期二，我和先生郝时远应邀到温莎城堡做客和过夜。

邀请各界人士到温莎城堡做客是女王回馈社会的方式之一。她喜欢和不同领域的人交往，不定期小范围地邀请各行各业人士来城堡喝茶、餐叙，英国政界、商界和科学家、文化人士乃至外国领导人和使节等，都在她的邀请之列。

这次应邀来温莎城堡的有21位客人，包括9对夫妇和3位单身男士。主宾是马尔代夫总统夫妇，我和老郝来自中国，还有澳大利亚驻英国高级专员（High Commissioner for Australia）[1]约翰·达特（John Dauth），以及其他来自英国商界和文化教育等领域的知名人士。陪同女王的不仅有爱丁堡公爵和王子、公主，还有几位王室高官。

邀请函是提前邮寄来的，里面的附件中详细列出各项安排，对每场活动的时间、地点和着装要求均有具体说明：客人在16:00之后

1 “高级专员”为英联邦成员国家之间交换的最高外交使节，如同大使。

女王在温莎城堡时悬挂女王旗/女王不在城堡时悬挂英国国旗

抵达温莎城堡，17:00出席与女王见面的下午茶，19:30出席女王夫妇举行的晚宴，餐后在女王的引导下参观城堡和王室图书馆，第二天9:00早餐。之后客人们就可以打道回府了。

尽管在温莎城堡停留时间不到24个小时，但是考虑到各场活动需要更换的衣服，我们两个人带了一个大旅行箱，显得有点儿兴师动众。

入住温莎城堡

从伦敦出发到温莎小镇有一个多小时车程。温莎城堡全年向游客开放，当日女王是否在城堡，可以依据悬挂的旗帜判断。16:00以后游客停止入场，因此客人抵达时间安排很稳妥，我们的车来到城堡前门时，已经没有游客了。我曾多次参观温莎城堡，但是乘车进入城堡内院还是第一次。汽车直抵位于角楼下的拱门门口，有管家引导我们进门后走楼梯上到二层。根据请柬附件的说明，分配给我和老郝的客房是爱德华三世塔257号套房（257 Edward III Tower）。

一男一女两位侍者在套房门口等候，他们迎上前来介绍了自己的名字和职务，男侍者弗雷泽·马尔顿-汤马斯（Fraser Marlton-Thomas）负责照顾老郝，女侍者乔安妮·德莫特（Joanne Dermott）负责照顾我。弗雷泽帮忙把行李搬到房间，他们两位就像与我们一直相熟似的，显得毫无陌生感，直接开箱整理衣物。老郝有点儿不习惯，连连推辞，说“我们可以自己来”，两位侍者客气地站到一边，等着看我们有什么需要熨烫的衣服。其实，出门之前我们做了充分准备，旅途时间又不长，衣服没有太多褶皱，但是弗雷泽还是把老郝的两套衣服挂在了门外，准备拿去打理一下。

这是一个老式套房，一条长走廊连接着客厅、卧室和其他房间，面积都不大，彼此独立。客厅和卧室用小碎花墙纸装饰，有大花布窗帘，房间显得温暖和舒适。卧室憨实的木质床上铺着白色亚麻布卧具，围着白纱幔帐，与卧室相连的盥洗室和浴室里的各种设备也是老式的，但是灵活好用。还有单独的书房，书桌上摆着古朴的小台灯，小书架上有许多小说，还有字典。我想找一本书来看，拿起来时发现这些书的纸张都发软了，应是被人们反复翻看过，有一定年头了。走廊尽头还有房间。两位侍者向我们详细介绍房间设施的使用方法。之后，弗雷泽请老郝去走廊深处的房间看看，示意我留步。

我独自等了一会儿，不见二人回来，就走过去看个究竟。原来

温莎城堡内院

走廊尽头是一间小小的卧室，有一张单人床和床头柜，装饰得很温馨。弗雷泽正跟老郝解释着什么，两个人说不太通，急得有点面色发红，见到我，弗雷泽反而不好意思了，一副欲言又止的样子。

我说："我们之间没有什么秘密，想对他说什么，就告诉我吧。"小伙子脸更红了，嘟囔着说："我只是想告诉他，如果你们夜里吵了架，先生可以过来睡在这里。"就住一晚上，我们为什么偏要在这个时候吵架呢？或许曾经有这样的先例和需求吧。如此说来，这间小卧室真是个既周到又可爱的"秘密去处"。

下午茶和晚宴

傍晚17:00是温莎城堡之行的第一场活动，日程上注明的标题是“与女王一起喝下午茶”，副标题是“相互结识”。这是主人细心周到的考虑——女王先在一个轻松的环境中欢迎大家，也让客人们彼此认识一下，同时可以对城堡接待环境的温度有所了解，不至于晚宴时穿错衣服。要知道，英国的春末天气仍然比较阴冷，城堡里的房间更不会暖和到哪儿去。在我看来，外交场合服装的保暖性非常重要，毕竟服饰是为出席场合服务的，而场合的内容才是出席的目的。如果只考虑形象，让自己冻得瑟瑟发抖，在活动中会感觉不自在。

从伦敦来温莎城堡的路上，根据请柬说明中的提示，我们穿的是旅途便装。老郝上身穿的是藏蓝色商务休闲西装（Blazer），里面是细格子衬衣，搭卡其布裤子、棕色便装皮鞋。我穿了一套灰色西装套裤，加风衣和一条暖和的围巾，平底皮鞋。我们选择的装束考虑到了去郊外做客的性质。

出席下午茶时，请柬上注明的着装要求是Lounge Suit，也就是商务套装，相应的女装可以是西装套裙，或者是及膝连衣裙。我换上了一件短上衣加伞裙，内搭羊绒小坎儿，通常去政府部门办事会采用这样的装束。

女士穿套装容易显得古板，尤其因为套装通常颜色偏暗，因此我更重视内搭颜色的选择，例如，穿黑色或者藏蓝色的西服套装，我会选择颜色跳一点的丝质衬衣，或者粉色、宝蓝色羊绒内搭。女士穿套装，上衣扣子最好不要全部系上，否则看上去像被包裹起来，显得古板。所以，买西服套装时上衣可以小一码，无论搭裙子还是裤子，都适合敞开穿。

王宫待客的大厅天花板很高，墙壁上的贴纸多是镶金带银的重调装饰，窗帘采用丝绒质地。在这种环境下，女士服装的颜色不太好选择，颜色太深，处于穿着深色西装的男士当中会被淹没；而颜色太亮，又容易被墙纸、窗帘的装饰环境所“吞没”。可以想象一下，一位身着绿色长裙的女士走进一间以绿色为软装色调的房间会是什么效果。

根据请柬说明，下午茶的地点在“绿厅”，顾名思义，厅里的家具陈设以绿色为基调。我的上身是黑白图案的中式立领短款上衣，下面搭黑色裙子，这是既不会撞色又有特点的保险之选。这件在北京商店买到的上衣只有单件，在国内选择女士服装时，许多理想的正装上衣都是单件，下装的搭配往往让人很费脑筋。还好，我在另一家商场碰到一条硬真丝质地的黑色伞裙，长度过膝，基本上是百搭，但凡紧身一点儿的短款上衣都可以与之完美搭配。

我先生老郝穿了一件浅驼色的“中华小立领”上衣，搭深灰色毛料长裤。这件上衣是我们在呼和浩特老家逛商店时买到的，是他应付各种日装场合的主打服装。

根据乔安妮的提示，我们提前10分钟从套房走出来，沿着长廊往前走。记得看过关于温莎城堡的纪录片，从空中俯瞰，温莎王宫是一个“回”字形建筑群，现在走在里面，我大致能感觉到自己处于城堡的哪个位置。高大的花岗岩走廊，左边一侧是窗户，面向城堡天井的草坪，右边一侧是一个个套房或者大厅。

走到走廊的尽头，拐过弯儿，就看到不远处一间大厅的门敞开着，里面的墙面、窗帘和沙发装饰都是淡绿色的。已经有几位客人先到了，男士都穿着西装、打了领带，但不是那种正式的深色西装，有的人穿的是条纹双排扣西装，有的则选择了棕色或者灰色西装，带有一种轻松的气氛。女士们衣着也都简单得体，有的人穿的是连衣裙，有的人与我一样，是套裙。大家手中端着茶杯随意地站着，小桌子上有茶点。我们进去后与已经在里面的其他客人们相互握手和交换名片，我除了与澳大利亚高专相熟，还遇到几位熟人，例如英国《每日电讯报》的共同所有者大卫 · 巴克莱（David Barclay）爵士和弗雷德里克 · 巴克莱（Frederick Barclay）爵士也在客人之列，他们是双胞胎兄弟，与他们的夫人都是初次见面。大家彼此介绍，简单寒暄，看起来都是第一次参加这样的活动。女王的几位女侍官也提前来了，我与她们见过面，这次能有更多时间交流，也是难得。

不一会儿，五只毛茸茸的柯基犬出现在门口，它们的小短腿擦着厚厚的地毯，像五个毛球似的，嘟嘟嘟地“滚”了进来，十分可爱。女王的宠物是柯基犬，关于这方面的故事在英国社会广为流传，见到这支传说中的“先导队”来了，就知道女王要驾到了。柯基犬在人们脚下蹭来蹭去，大家都去逗它们。

果然，女王出现了，她穿了一身孔雀蓝色稍微有点显旧的西装套裙，手臂上搭着样式经久不变的黑色小方包。显然她与邀请来的每位客人都是认识的，握手时会聊到一些彼此关心或者刚刚发生的事情。因为客人不多，又是在自己家中，女王这次没有戴手套，和善地挨个与宾客交谈。走到我和老郝面前时，她尤其对老郝能来格外表达了欢迎。对于我们这些外交官家庭聚少离多，女王显然是了解和同情的。我们向女王赠送了礼物。

外交礼品的选择一向是难题，更何况是在女王的家里送礼。我在使馆的礼品库里转了几圈一筹莫展，复制品瓷瓶和轴画都不合适，最后想到女王喜欢收藏书，就买了一套英国汉学家大卫·霍克斯（David Hawkes）翻译的英文版《红楼梦》，希望能为女王的图书馆增添内容。

与杨宪益、戴乃迭的译本相比，霍克斯的翻译更多反映了从英国文化角度对《红楼梦》的理解，比较容易被以英语为母语的读者理解。例如，杨译本中人名一律音译；而在霍克斯的译本中采用了有点引申的意译，“袭人”被译为Aroma(芳香)，“晴雯”被译为Skybright(晴空)，既符合字面意思，又表达了中文里的象征意义。又如，宝玉住的怡红院在杨译本中是Happy Red Court(快乐的红色庭院)，在霍克斯译本中是 House of Green Delights(绿色的喜悦之屋)，因为英文语境下的“绿”和中国文化中的“红”表达着相似的喜庆意味。最有意思的是，潇湘馆译成Naiad’s House(仙女之家)——naiad是“水中仙女”的意思，看起来，霍克斯是根据潇湘斑竹和湘江潇水的典故而意译的。

我拿出这套书来，向女王简单介绍了一下《红楼梦》在中国文学中的地位和影响，也讲到我与译者霍克斯的交往和他对中英文化交流的重大贡献，女王显然很感兴趣。

三四十分钟之后，下午茶结束了。女王告辞，大家各自回到房间，还有一个多小时的时间，可以休整一下，为出席晚宴做准备。

根据请柬说明，晚宴的着装要求是“Black Tie”，即黑领结礼服，同时这又是一场家宴，似乎不必像在国事活动上那么隆重。我选择了一件垂感很好的无袖黑色丝绒旗袍，胸襟上有一点玫红色的绣花。这件旗袍是20世纪90年代末在北京一家新创建的中式品牌店买的，传统的版型，陪伴我多年。考虑到晚宴之后要参观城堡，我没有选择太高跟的鞋。为了保暖，我备了一条新的米色羊绒围巾。中国乃至世界上最好的羊绒都产自内蒙古，身为内蒙古人，我“近水楼台先得月”，这些年积攒了不少羊绒围巾。但是羊绒有生命周期，用久了会起球，需要经常打理，所以我总会留存一条新的羊绒围巾，只在重要场合用。米色水波纹的羊绒围巾在夜晚灯光照耀下，反映出柔和的光泽，为礼服添色不少。

出于礼貌，我们提前10分钟抵达宴会厅。

这天晚上，女王再次出现在我们面前时，已经换上了一件长袖的米色丝质长裙，比她在仪式活动中穿的礼服要轻盈和简约许多，蓬松的裙摆刚好盖过脚踝，既不会拖到地面上，又能遮住脚尖。她肩上挎了一个金属链子的米色丝质晚装包，虽然样式古旧，但是与这身晚装长裙搭配妥帖。女王气色很好，雍容平和，脸上一直带着微笑，看上去既不失威严，又保持着女主人的优雅和家宴的友善。与平日公众形象不同的是，她像邻家奶奶似的，整晚都戴着一副玳瑁色的粗框眼镜。

EIIR

LE MENU

Quenelles de Saumon Fumé
Sauce Champagne

Selle d'Agneau Génoise
Brocolis Pourpre
Courgette Farcis
Salade

Sablé à la Barbadine et Vanille
Coulis de Framboises

LES VINS
Pouilly-Fumé Domaine J.M. Masson-Blondelet 2006
Château Haut Troquard La Grâce Dieu,
St. Emilion 1998
Château Suduiraut, Sauternes 2004
Royal Vintage 1963

MARDI LE 7 AVRIL 2009 WINDSOR CASTLE

EIIR

菜 单

烟熏三文鱼丸
佐香槟酱汁

热那亚羊羔里脊
配紫色西蓝花、肉馅西葫芦与沙拉

百香果香草酥饼
伴覆盆子酱

葡萄酒
普伊富美产区马森布兰里酒庄干白葡萄酒 2006年
圣埃美隆产区上特洛克酒庄神恩山庄干红葡萄 1998年
旭金堡酒庄贵腐甜白葡萄酒 2004年
皇家佳酿 1963年

2009年4月7日 温莎城堡

宴会厅不大，宽阔的餐桌刚好可以隔开各自的谈话，同时又能让宾主都在彼此的视线之内。长餐桌的两侧各坐了15个人。女王坐在背对门的中间位置上，爱丁堡公爵坐在她的对面，其他宾、主分坐在他们两侧，安德鲁王子和安妮公主分别坐在女王一侧的左边和右边，间隔两到三位客人。我被安排在公爵右手一侧的主宾位置上，老郝与我在同一边的左侧，间隔了几位其他客人。从位置的安排可以看出来，女王和家人能分别关照到长桌的各个角落，对每位客人邻桌的安排也都尽量照顾到了谈话的兴趣和领域。餐桌的吊灯挂得很低，光线柔和，桌子中间摆着银饰和烛台，银盘上的干、鲜水果既是装饰，也是最后一道甜点的佐食。

在之前的准备工作中，我已经从请柬附件的座次图中了解到自己将坐在爱丁堡公爵旁边，于是提前研究了他的关注和喜好，考虑应该与他谈些什么。晚餐是温莎之夜的中心活动，也是我做工作的主要时机。如果希望在餐桌上通过交谈让对方和自己都有所收获，那么，准备谈资是必须做的功课，有备而来才能避免泛泛而谈，错过交流的难得机会。

不过我发现，对方所擅长和喜好的事，比如帆船、马球、驾车等，我都不懂。谈论国际形势呢？从媒体对他的报道来看，预期交谈起来也不会那么容易。我广泛地浏览了一下近期中国国内最新动态和数据，同时准备了几个也许能与他拉近距离的话题，比如旅行、美食，不过更多只能寄希望于临场的思想碰撞和发挥了。

晚宴开始后，我与他热烈讨论的话题竟然是“吃”。他对中餐很感兴趣，对1986年陪同女王访华时品尝到的各种美食记忆犹新。他听了我对中国多元饮食文化的介绍之后，我们的话题就再也没有离开过中国。他很关心与中国有关的任何事务，对近年中国的发展和成就有所了解，表达了赞赏，但是，他也会针对某些现象委婉地提

出批评。而这正好给了我机会，可以把话头接过来耐心地向他解释真实的情况是什么，努力让他认识到中国这样一个多人口、多民族国家，从贫穷走向繁荣的历程之艰难和复杂，向他揭示各种问题的多重原因，尤其尽力让他了解中国政治制度的内涵，说明为什么我们要取得成功必须保持国家的稳定。我感觉，他对我所说的话听进去了很多，这一晚上也算相谈甚欢。

对于一个驻外大使来说，不仅需要搞懂国际事务和熟悉外交政策，更重要的是，要尽可能多地了解自己国家的方方面面，对国内重大事务有透彻的认识，尤其对外界存在偏见或者无法认同的问题，需要深入研究。需要搞懂：我们的国家为什么这样做？挑战和问题是什么？解决的方案又如何？这仍然不够，还需要努力找到针对不同人的恰当和有说服力的表达方法，让别人，尤其是不了解情况甚至有误解的人能够听懂，最好也能有所接受。如果我们付出时间和精力，结果非但没能产生效果，反而让对方更加不满和不信，岂不是适得其反？

爱丁堡公爵显然是读书、看报和关心时政的那种男士，外界对中国的关注他几乎都有所了解。而且，他对中国充满了好奇和兴趣，我们的话题从一个领域跳跃到另一个领域，我在力图跟上他思路的同时，尽可能从有历史纵深的角度去帮助他更加客观地看待中国。虽然我没有直接批评英国，但是我想让他意识到，西方国家，尤其是媒体，存在偏见和双重标准的问题。我说，这种偏见就像醋，如果一个厨师炒什么菜都放好多醋，就都是一个味道了。他未见得同意，但是也笑了起来，因为我们前面在谈美食，不难想象，都添加了醋的一桌餐食会是什么味道。他懂历史，当我们的谈话陷到历史题材里面去时，他不会掩饰自己的看法，而且会讲到一些细节，这时我会认真倾听，从中也了解到英国王室的独特视角。

晚宴时间过得很快，最后一道是甜点，一直摆在大桌子中间的蜜饯和水果被拿去分盘后，与百香果香草酥饼一起端上来了。我意识到自己几乎垄断了公爵的时间，这有些不礼貌。我停下来，主动与坐在我右手边的奥科斯伯勋爵（The Lord Oxburgh）交谈起来，他是帝国理工学院的前校长，对中英教育交流很感兴趣。公爵也转向他的左手，与那边的女士——约克大教堂教长薇薇安·福尔（The Very Reverend Vivienne Faull）交谈起来。

参观王室图书馆

晚餐后，根据日程进入“雪茄时间”（Cigar Time），爱丁堡公爵率诸位男士到隔壁厅去抽雪茄。这是小型社交晚宴餐后的一种习惯性安排，男女宾客分别在不同的房间喝咖啡，这样可以聚焦不同兴趣的话题。我作为女大使，以往在餐后会加入男士的行列，因为这个时候大家会谈一些时政方面的话题。我先生老郝则顺理成章地成为“夫人团”中受到热捧的一员。但是今天，由于女王是晚餐的主人，我自然而然地加入了夫人们的行列，与女王一起离开餐厅，老郝则加入了公爵的圈子。公爵和王子都不吸烟，但是侍者还是依照传统给大家端上来雪茄，除了个别人在吸，其他人都客气地接过雪茄装进上衣兜里，留作温莎城堡的纪念。

女王带着我们这些女士来到餐厅旁边一间装潢精致的小厅，侍

者端上来咖啡和茶，请我们选用。房间壁炉里，大块的木头被烧得通红，炉火暖暖的，女王背对着壁炉，站在那里和我们说话。她身后的炉火映照出女宾客们餐后泛着红光的愉快面容——把光亮留给客人，这看似无意的细节，亦应是女王的有心安排。女王是我见过最周到的主人。作为国家元首，她的日程排得非常满，其重要性在英国也是排在头位的，其他人的日程都要给她让路。她为了照顾到他人的方便，总是尽可能早早地把自己的各项活动时间确定下来，之后尽量不再改变，让其他人可以更加从容地安排自己的日程。

英国人的“古板”鲜明地表现在对既定日程的坚守上。每年新年假期之后，大家就开始决定未来一年各项日程时间了，大部分正式活动都能较早确定时间。每当我邀请人或者约事的时候，常看到对方拿出一个小小的日程本子，从密密麻麻的安排中寻找空档。

女王严于律己，尽量不改变自己的日程。在这个只有女士们的小小私人空间里，她表情生动地讲述了我们都熟悉的一位外国领导人的逸事：他与女王约好时间见面，却临时让秘书打来电话要求调整时间。这位秘书向王宫助理解释说，因为领导很忙。王宫助理回复道，我们女王也很忙哦。

女王惟妙惟肖地模仿着秘书与助理的对话，对方讲英语有口音，把“he”的发音说成“ee”，把“too”说成“doo”，我们笑弯了腰。

谈笑间发生了一个小小的意外，女王小包的金属链子断了，包包从她的肩头滑落到地上。站得比较近的女士们不约而同地试图蹲下来帮她捡，这对穿旗袍的我来说稍微有点儿困难。不过女王自己熟练地俯身把包包捡了起来，不慌不忙地说：“That’s fine. Thank you.”（没关系，谢谢。）

这只小包确实相当古旧，包口是那种传统的金属镶边，有一对夹子扣。女王眼睛看着我们，继续讲着她的故事，手底下也没有停，捏着断了的金属链子揉来搓去的。一会儿工夫，链子竟然接好了，她又把小包背在了肩上。好神奇！女王在第二次世界大战时期曾经是一名拥有中尉军衔的机械师，修过军用卡车，她的这份从容也是经历使然。

晚上给宾客们安排的最后一个节目是跟随女王参观城堡博物馆，终点是平日不对游客开放的王室图书馆。夜游温莎城堡别有滋味，还拥有这样一位“超级向导”。我们从相反方向走过平日游客们走的博物馆参观路线，我向女王确认了好几个从导游那里听来的故事，居然大部分都属实，例如圣乔治小教堂的穹顶上展示的骑士徽章，为什么有的位置涂成了白色[1]，为什么斯宾塞 · 丘吉尔家族无须缴纳地租，每年8月13日前在温莎城堡挂一面地租旗就可以，[2]等等。女王不厌其烦地回答着我们的各种问题，同时也对游客们的兴趣和导游掌握的知识颇为感慨。

走过温斯顿 · 丘吉尔雕像时，女王回忆起劝说这位固执的首相坐下来让人为他塑像的过程。她说，温斯顿从不肯为人做模特，是她说想要一座他的雕像，才肯坐下来的。从女王的眼神中可以感觉到她是很尊重和喜欢这位老首相的。我从书中读到过，温斯顿 · 丘吉尔是女王父母的朋友，当她还是小姑娘时，就曾坐在他的膝头玩耍。女王加冕之后，温斯顿 · 丘吉尔是她经历的第一位首相，相互信任有加。

温莎城堡是一座名副其实的王室博物馆，这里的一幅幅油画、一个个陈列的展品，记录着历代王室的人物和生活片段，而女王对几乎每个展品背后的故事都了如指掌。有一块挂毯，过去只听导游说过是戴高乐所赠，女王却能清清楚楚地记起他是在何年何月、什么场景下赠送的。我过去参观温莎城堡博物馆时，注意到一个角落里有对铜雕小天使台座，看上去像现代物件，和周围的展品不大和谐，这次正好问问女王。她脸上露出有点儿顽皮的笑容说，这是她在一场拍卖会上买的，当时很喜欢，后来没有合适的地方放置，就

1 因为这些骑士被认定为背叛。

2 斯宾塞 · 丘吉尔家族拥有的布伦海姆宫土地是为表彰约翰 · 丘吉尔在布伦海姆战役（1704年）中的贡献赠送的。所以，要求丘吉尔家族在每年8月13日布伦海姆战役纪念日前，将一面法国皇家旗帜副本交给英国王室，象征缴纳地租。

拿来摆在这儿了。

女王的记忆力惊人，对墙上油画的每一个历史人物都能够清楚地说明那是谁，在什么年代发生了什么事。我禁不住问，您怎么会知道得这么多、这么细呢？她看着我，略带怀旧地说：当我还是蹒跚走路的孩子时，祖母就经常带我来这里，让我抓着她的裙摆，随她走过这些地方，听她讲那些先人的故事。

进入书房，女王为客人们准备的惊喜让当天的活动达到高潮。在围成四方形的桌子上，女王细心地从自己的收藏里面为每一位客人找出了相关的物品摆放出来。

例如，比利莫瑞亚勋爵（The Lord Bilimoria）是啤酒品牌“眼镜蛇”（Cobra）的创始人。女王小时候正逢啤酒厂在英国兴盛起来，有人做了一套酒厂微缩模型送给她，比黄豆大不了多少的“酒桶”一排排地陈列着，厂房、生产线、品牌商标，都和真的一样。今天，她把这套模型摆放在这里，让客人们在欣喜之际，也对时代的变迁感慨万分。

与澳大利亚高专达特先生相关联的是一本手绘的澳洲风情博物志，是女王访问时获得的礼品。为我陈列出来的是两年前我递交国书时赠送给她的礼物——复刻版《钦藏英皇全景图典》中的建筑篇。旁边还有一部维多利亚女王的日记，翻开呈现的一页记录了1879年1月17日这一天，即将离任的中国第一位公使郭嵩焘携夫人梁氏赴奥斯本宫，向维多利亚女王辞行。日记里有一段对郭夫人仪表和服饰细节的描绘：

午餐前，我接待了中国公使的夫人……她身材娇小，着中式旗袍，在房间里也一直披着一件毛皮披肩。她除了头戴简单饰物，几无其他首饰的装点。虽然他们是坐敞篷马车来的，她却没穿外套。她有一双传说中的三寸金莲。马格尔尼先生在一旁为她翻译，她显得很高兴……[1]

郭嵩焘

郭嵩焘在《伦敦与巴黎日记》中亦用寥寥数语记录了光绪四年腊月廿五日这一天，他与夫人如何向当时的英国女王辞行，女王尤其关照他的夫人："初见家室，相与慰劳，告以远方劳苦，必得少坐饮食。"郭嵩焘对女王表示感激："中国妇女无朝会之礼，所有盛典概不敢与，今旦夕回国，以私接见，得蒙赏准，实是感悦。"[2] 这应该是对19世纪出现在外交场合的中国女性的难得记录了。

我们相互欣赏完这些特殊的展品，就开始参观图书馆。这里被各种图书和物品堆满了，书架排列得很密集，没有多少穿行的空间，如果两位客人迎面碰上，需要各自侧身让行。里面的书散发出历史的味道，一部部大厚壳的书背上，烫金的书名多是漂亮的古体。我背着手在里面慢慢走、细细看，避免去触碰

1 译自温莎城堡档案馆提供的《维多利亚女王日记》：Before luncheon I received the Chinese Minister's wife Madame Kuo…She is small, and wears the usual Chinese dress, only with a large sort of tippet over it, entirely lined with fur, which she kept on all the time in the house, only a few little ornaments on her head, but nothing else, no additional wraps, for going in the open carriage! She had the celebrated small, squashed feet. Mr. Macartney the interpreter, was there, to interpret for her. She seemed much pleased.

2 ［清］郭嵩焘．伦敦与巴黎日记［M］．长沙：岳麓书社，2008：870-871.

任何东西，唯恐惊扰了哪位古人的静思。

夜游温莎城堡的行程结束了。女王走在前面，我紧随其后，毕竟是80多岁的老人，走廊中有几处修缮，我觉得应该主动照料一下。不想她步履轻盈，我都得快步才能跟上。她让我叫后面的人快点儿跟上，用了一个生动的短语“boots them out”，字面意思是“用穿靴子的脚把他们踢出来”，还在长裙下面做了一个踢脚的动作。我笑着表示领会，提高嗓门向后面的人喊了一声：“This way please.”（请往这边走。）我在与女王的谈话中学到的另一个短语是“flown the nest”，是她谈到成年的孙辈时，说他们都“像小鸟一样离开了窝”。这时的女王更像一位祖母，没有了那些正式的辞藻，用通俗而又诙谐的家常语言絮叨着一些琐事。

她付出整整一晚的陪伴，讲述自己国家的历史和祖上的故事，毫无保留地与我们分享这座她自幼居住其中的城堡中的珍贵私人记忆，以此向每位客人和他们所代表的国家表达友好。这样的夜晚令人难忘。

外交礼仪是服务于外交目的的，旨在创造一个让人感觉舒适和恰当的环境进行谈话和交流。而外交的终极目的是解决问题，人与人的交流和了解既是开展外交的内容，也是推进外交的基础。因此，那些看似平静、随意的你来我往，恰是日积月累构建国际人脉和关系网络的丝线。

回到房间时，已经是夜里十一点多了。弗雷泽和乔安妮见到我们，立刻从门内迎上来，看样子已经等了一阵子，这让我和老郝感到有点儿意外。再看套房里面，被他们收拾得干干净净，不仅寝具备妥，换下来的皮鞋也被擦得锃亮。

他们询问，是否还有需要做的事情？我们表示感谢，请他们早点回去歇息。

“那么，二位明天早上想喝点什么，咖啡还是茶？”乔安妮问。

我有点儿纳闷，不是去餐厅吃早餐吗？

她解释：“我是说，刚起床的时候。”

我和老郝选择了红茶。

城墙上的风笛手

次日清晨，闹钟响了，刚一睁眼，只见纱帐外面站着一个人！我惊嘘了一声，把被子拉严实，定睛一看，原来是乔安妮，她还推着一辆小餐车。

她有点被我的惊慌吓着了，赶紧解释：“Just the tea, tea!”（是送茶，茶！）

一团混乱之后，乔安妮放弃给我们端茶的打算，离开了，留下我和老郝面面相觑。我下床把两杯茶端过来，老郝喝着热红茶，说：“这就是tea in bed（床上茶）吧？”

王室的礼数真是周到啊。

起床后，城堡楼顶上传来风笛的乐声，是一位风笛手在吹奏。

在温莎城堡出席早餐时穿了粉白色相间的格呢上衣和灰粉色裙子搭黑色乐福鞋和黑色丝袜

据说这是一项始于维多利亚女王时期的传统，御用风笛手会一直跟随女王，每天早上吹奏风笛如同起床的号角，并且一直伴随着早餐。

早餐的服装没有什么特别要求，我穿了一套粉白相间的格呢“小香款”上衣，搭灰粉色裙子，这套西班牙品牌的衣服是我在打折季的收获。但是粉色衣裙不好搭鞋子，我索性做了一个大胆尝试，穿了一双黑色乐福鞋搭黑色丝袜，虽然有些突兀，但是看上去比搭米色或者灰色鞋子的效果要好。为了与黑色的鞋子相呼应，我搭配了黑色小包，用黑色象征冬天的寒冷还没有过去，用粉色迎接即将到来的春天。

老郝穿的还是那件藏蓝色便装西服上衣，里面穿了熨烫平整的蓝色衬衣，没有打领带，下装是卡其布裤子，这身属于标准的商务休闲装。进到早餐厅，其他宾客也大致是商务休闲装的装束，干净、清爽大致是此刻服装的恰当风格。早餐的房间有点儿热，有的人把外套挂在身后的椅背上。

温莎城堡的早餐极为丰盛，有冷热牛奶和酸奶、各式面包和果酱、黄油和奶油等等，还有煎蛋和烤肠，生鲜蔬菜种类也不少。不过没有酒店供应的那些海鲜或者异国水果，所有食材都是当地产的，非常新鲜，就好像直接来自农场的厨房。

客人们一起吃早餐，比较放松地闲谈，话题离不开时政。其间，我端着酸奶杯子到外面阳台的石头台阶上坐了一会儿。早上阳光柔和，晨风习习，远处那位身穿苏格兰盛装的风笛手迈着均匀的步子在城墙上走来走去地吹奏着。记得昔日一位风笛手接受采访时曾说，自己需要记住数百段不同的旋律，以免“老调重弹”，有时他也会在宴会上表演。这些人大多是军乐队的退役军人，很珍惜这个难得的工作机会。

早餐结束后我们准备返回伦敦。回到房间收拾行李时，两位侍者再次让我们吃惊，他们已经将箱子整理得妥妥帖帖，每样衣物都用薄薄的软纸包好，像刚从店里买来的一样，连袜子都不例外。

我们郑重地向他们两位表达了感谢。

友好邦交源自相互了解。在温莎城堡度过的短暂时光如同亲历一次礼仪课，女王的真挚心意和接待中充满人情味的细节，让我们不仅感到温暖，也学到了许多。

MY ETIQUETTE
JOURNEY

第五章

餐桌礼仪之一——准备好你的谈资了吗

西式餐桌礼仪之周全，可以用繁细来描绘。

追溯餐桌礼仪的历史，据说是由欧洲的骑士精神演变而来。礼仪书籍介绍，公元12世纪，当意大利文化影响到法国时，餐桌礼仪与菜单用语变得更为优雅、精致，开始出现教导礼仪的书。时至今日，欧洲国家基本上延续这套餐桌礼仪，外交场合的餐桌礼仪和规则也反映的是这套规范。

每一位外交使节都经常收到各种请柬。我在英国任大使期间也会收到许多餐叙和宴会的邀请，有早餐、午餐，还有晚餐，虽然不可能有约必到，但是重要邀请是不能错过的。我也经常回请别人，或者因为工作需要而邀请各界人士来官邸、使馆做客。这些年我在餐桌上可以说是既有经验也有教训。

在英国的书店里，礼仪方面的书籍种类很多，不仅有典籍型的大厚书，也有简易教材，面向的最小读者是4~6岁的儿童。例如，有一种巴掌大的小书，一天一页，一页一条规矩，左边一页是男孩子的规矩、右边一页是女孩子的规矩。内容丰富而具体，例如，“上了餐桌不要像三天没有吃饭一样着急抓吃的，要等大人入座示意开始吃饭，才能动刀叉”。再如，男孩子要学会照顾人等细节。可见，小孩子6岁前已经在家庭教育和耳濡目染中，学习和了解基本礼仪和规矩。

各个国家的礼仪习俗都是代代相传的，记得小时候奶奶也教过我许多规矩，例如递剪子的时候要让剪刀头对着自己，而不能朝向对方，吃饭时不能挥动着筷子说话等等。各国成年人对本国的礼仪习俗习以为常，而外交官到了任何国家都存在学习和了解当地礼仪和习俗的问题，尤其对一些与自己国家不同的规则，需要特别留意才能少出错。

外国人到中国来，在餐桌上也需要有一个学习的过程，学会用筷子就不是一件容易的事。不了解中国餐饮习惯的外国人，一不留神就会陷入窘境。我年轻时当翻译，常遇到这种情况，会尽量提醒和帮助。

有一次我陪同一位年长的北欧客人访问桂林，餐桌上的冷盘中不可缺少地摆放了当地特产——奶白色小块辣豆腐乳。当看到这位客人用叉子把一整块腐乳往嘴里送时，我悄声劝阻。她的手在空中停顿了一下，把腐乳放在了自己的盘子里，然后尝了一点，转头笑着略带夸张地对我说："Thank you for saving my life."（谢谢你救了我。）这时她旁边的随行官员也正在叉腐乳，她提醒说："如果我是你，就不会把它整块地送到嘴里去。"他会意地放弃了。

邀约客人

宴会主人在初拟宾客名单时，发出邀请的人数要超过实际可容纳的人数，因为总有一定比例的客人不能应邀前来。比如，计划接待20位客人，至少要发出30份请柬。如果其中只有15位客人回复可以来，就要再发出10份请柬，以期补足其余5个名额。可是，如果邀请的30位客人都答应来，多于预先准备的20个座位，怎么办呢？那就只能增加座位，而不能发出邀请之后不让客人来。

邀请客人需要留出充足的提前量，重要活动应提前一个月发出邀请函，一般宴请也应至少提前两周发邀请，这样，即使有些客人因故婉拒，再邀请别人也来得及。提前三四天才发出请柬是比较难邀请到人的，如果因为有客人临时爽约需要其他人来填补空位，那么最好邀请比较熟悉的朋友，而且诚实告知原因。

作为主人，有义务让客人预先了解在应邀出席的这个场合会遇见哪些人，因此，最好能将来宾的名单和简历提前发给客人们，也可以附上照片方便客人相互辨认。当然，现在网络信息发达，只要普发客人名单，具体信息自行上网也能查到。

总之，主办一场宴请，是一项考验统筹、执行能力的复杂事务，没有细致的策划和周密的布置难以周全。

请柬与守约

我收到邀约后，会优先选择接受那些需要重点做工作，或者需要了解更多信息的个人或者团体的邀请。如果出席了，就要考虑安排回请，尤其对个人的邀请要尽量回请，礼尚往来。此外，也要照顾到方方面面的人士，不能对某些人的邀请总是悦纳，对另一些人又总是推辞。外交使节之间的交往比较重要，我在任内总要争取与大部分使节有过宾主往来。

守约对建立信誉至关重要。一旦接受了邀请，就要讲究“先来后到”，之后的邀约再重要，原则上也要为之前的承诺让路。作为宴会的主人，更不可因为一个临时蹦出来的事由而轻易取消自己发出的邀请，毕竟客人们提前将时间预留给了你，同时很可能谢绝了其他邀约。一旦因不得已的事情而必须改变邀请，即使提前一周通知，也仍然极为失礼，日后再想补救也难。作为外交官，广交朋友、诚信待人是构建工作环境的基础，因此，我尽量信守承诺。也曾经遇到国内有重要的客人来访，突然通知我去机场迎接，而我已经有承诺在先。一般我要争取说服来客方，允许由使馆二把手代为迎接，大部分情况下对方是能够理解的。毕竟国家委派使节在外，外交职责在先。

时间的承诺

应约出席一场外交活动，在一定意义上就是做出了时间的承诺，意味着自己愿意把这段时间拿出来，参与主人安排的活动。英国人比较守时，尤其在外交场合，一旦答应了应邀出席，或者是邀请了客人，就视之为彼此的“时间承诺”（Commitment），会按照约定的时间履行日程，除非有所谓不可抗力的特殊情况，否则不会轻易改变。

穿这类质地较厚的长款服装适合出席冬天的酒会

这个承诺也意味着，在活动中自己应该投入全部注意力来倾听、交流，其他事都暂时退居其后。例如，不能把手机摆在餐桌上，否则，如果手机突然振动或者屏幕亮起来，会让邻座进餐的人感到不安，唯恐耽误了你什么重大事务。如果自己忍不住一次次地把目光投向手机，也会让别人失去与你交谈的兴趣。实在需要接听电话，可以离席到一个僻静的地方通话。在吃饭期间查看短信也是不礼貌的。

如果你不能专注地对待别人，就不太可能赢得别人的专注。彼此专注地面对面交谈不仅是一种礼貌之举，也是人们付出时间的目的所在。面对面时，人与人对话的空间会被放大，更有可能让别人了解乃至认可自己的观点，达到事半功倍的效果，还可以从别人的交谈中获取信息或者知识。通过交流和交友，也能获得精神上的收获，并且由此积累起人脉资源。

我在澳大利亚任大使时，有一次在堪培拉的大使官邸请意大利大使共进午餐，这是很早就约好的，也是对他邀请我的回请。但是当天我还安排了去悉尼的日程。我盘算午餐一个半小时，之后赶路去悉尼应该来得及。结果他吃饭不慌不忙，每道菜都细细品味，谈兴也很高，提出许多关于中国的问题，表示希望向我请教。使馆招待员知道我后面有日程，试图提速，一道菜还没有吃完，下一道菜就摆在旁边了。意大利大使看到这个架势，忍不住问："您是在赶我走吗？"我只好老实地承认，确实需要赶去悉尼，他表示理解，打电话让自己的司机提前来接。此事让我认识到，安排外交日程应留足时间，凡事不能勉强，不做则已，做则要尽量周全，才能达到好的效果。另外，也应明确时间限制，如果事先向意大利大使说明是一个半小时的午餐，他就能理解和据此安排车了。

桌子摆放与座次安排

西式宴会采用长桌，人多时可以摆成马蹄形。在伦敦金融城举办大规模国宴时采用的形式是，在前方横摆一张长桌，主人和主宾坐在长桌面向大厅的一边；对面竖排地摆放多张长桌，宾客们面对面地坐在长桌的两边。各国在餐桌摆放的礼节上大同小异，摆放长桌更加普遍。例如我有一次在非洲国家出席晚宴，是一个很长很长的桌子，但是不宽，不仅与左右的人交流方便，与桌子对面的人谈话也能彼此听清楚。在俄罗斯访问的时候，大部分宴会在餐厅进行，主办方会包下整个厅，有小型合唱团的演出，唱着怀旧的俄罗斯歌曲，气氛热烈。

中国人的宴会多采用圆桌。我在使馆举办宴会时，感觉圆桌最大的好处是大家的谈话可以聚拢到一个共同的话题上，作为主人，在谈话间也比较容易照顾到所有客人的兴趣和关切。缺点是容纳人数有限，如果把圆桌尺寸放大，就失去其聚拢宾客的优势了。有时候邀请的客人多，一个圆桌坐不下，我也会采用长桌的方式。当然，更大型的宴会则需要摆多个圆桌，那就要请使馆其他同事在不同的圆桌上担当照顾客人的角色。

在国内的宴请活动，例如大会堂的宴请，采用圆桌或者长桌的情况都有，主要看来宾的人数和安排宴请的厅堂环境。如果主人和宾客不过十几个人，采用圆桌比较温馨，如果人多，摆长桌更好安排，大规模的宴请就需要摆多个圆桌。

SLOW BOY

北京人民大会堂的宴会厅

我曾观察人民大会堂如何承办大型宴会。那是领导人主办的一场午宴，参加的中外宾客有3000多位，前来出席一场友好交流活动。午宴安排在大会堂二层的宴会厅，前面是主宾区，摆的是大圆桌，可以分餐；后面的宾客区摆放了300张桌子，10人一桌，采用的是合餐形式。这个规模对服务的效率要求极高，前面的分餐由一名服务员照顾三至四位宾客，在后面的合餐区由一名服务员负责一桌客人。尽管午宴时间很紧张，还有讲话、祝酒等复杂环节，整个过程井井有条，从上菜、倒酒，到续饮料、撤换餐具等程序，全场服务人员训练有素，从容应对，充分展现了大会堂出色、高标准和精细化的服务能力和水平。

在座次安排上，答应赴约的客人明确之后，需要根据他们的身份、职业、性别等特点，考虑如何安排座次，这需要一定的技巧。外交礼仪讲究顺序和秩序，每场宴请的座位都会有主次之分，因此需要排出谁是主宾，其他客人也存在谁在前、谁在后的问题。通常是请位高或者年长的人坐在主宾的位置上。外交使节之间的排序比较清楚，是根据到任时间的先后确定的，相关信息在礼宾司每年发布的表格里可以查到。

各国在宴会的座次安排上，主次位置的摆放有所不同。例如，中国人采用圆桌时，以正面对门的中间位置为主人的座位，右手为上，安排最主要的客人，左手安排次主要的客人，依次排列下去。如果是夫妇宴请，则可以由大使的配偶坐在圆桌的对面，以第二主人的身份，同样以右手为先左手为次的方式，排列宾客。原则上讲，主人和宾客、男士和女士要岔开来安排座位。中国人有时把夫妇安排挨在一起坐，也不失为一种礼节，尤其当中方的夫人较为安静内向，不善与陌生人（尤其是外国人）交谈时，可以这样安排。

这些具体安排模式并无一成不变的严格规定，举办宴请的目的是交结友好，让客人感到舒适是餐桌礼仪的宗旨，遇到特殊情况也可以有不同的安排。在这方面，周恩来总理是外交界的好榜样。我从钱嘉东2018年回忆周总理的文章中看到这样一段逸事。一位亚洲的领导人来访，随行有不少女士。周总理主持国宴时，考虑到东方妇女较为内向的特点，建议将主桌上的女宾连同我方陪同的女同志都安排在大圆桌的半边，其他男宾和我方陪同的男同志则坐在圆桌的另一半边。这样一来，男士们可以方便地谈论他们关心的“国际大事”，而女士们在另一边可以无拘束地叙聊“生活趣事”，收到了宾至如归的效果。

英国人的宴会礼仪中，主人夫妇分坐长桌两端，女主人右边是男主宾，男主人右边是女主宾或者男主宾的夫人，男女主人的左边是次宾。其他客人依次安排在长桌的两边，男女客人岔开坐。我观察，长桌这样安排的好处是主人可以完全了解宴会的进程，夫妇也可以相互示意掌控晚餐的进程。

正式宴请需要摆桌签，客人按照桌签坐在自己的位置上，不能随意自行调整。非正式的家宴不摆座签，客人都是自行落座，男女穿插坐开即可。考虑到交谈的方便，有时在主菜之后、甜点上来之前，主人会鼓励宾客交换位置，这样就可以有新的谈话对象了。

根据礼仪书的介绍，法国人的座次安排稍有不同，男女主人是在长桌的中间对坐的，男女主宾、次宾与主人的位置关系和英国的规则相同。现在这两种安排在各国都是常见的，完全取决于宴请者对宾客的判断和需要。在一些重要访问和外交活动中，主人与主宾之间的谈话时间很宝贵，宴会往往是正式会谈的延续，在座次安排上索性让主人和主宾并排坐在一起，方便继续交谈。

有一个小的提示是，大家见面握手时，有时会出现多个人同时伸出手的情况，这种时候可以稍微等让一下，避免交叉握手。

大型宴会座次表

找座位

出席宴会活动时，搞清楚自己的座位在哪儿很重要。人多的场合，请柬上会标注桌次。大型宴会的入口处会有一张桌次表。小型宴会的桌次表由站在宴会厅门口的服务员托在手中，供宾客走近查看。一定要看好桌次再入席，否则，若众人皆落座后你还在茫然四顾找座位，会有点儿尴尬。

我有一次出席英国商界晚宴，临行前秘书提醒："您的桌次标注在请柬上了。"抵达之后翻看请柬，上面并没有座号。幸好遇到一位朋友，刚好与我在同一桌，他指着请柬上的"Rose"（玫瑰）字样告诉我，这就是我们的桌次。原来，这场晚宴是用花名给桌子命名的：玫瑰、百合、蔷薇……每张桌子中间有一个高花瓶，插着一种花，花丛中有个纸签标着相应的花名。客人的请柬上标注着花名，找到这种花就找到自己的桌位了。

入座

宴会的落座是一个颇具仪式感的过程，大家找到自己的座位后并不是马上入座的，而是站在座位的靠背后面，耐心等待其他人也都找到自己的位置。通常要等到主人陪同主宾进入自己的座位之后，大家才会落座。正确的做法是从左侧入座，女士可以先落座。规模比较大的宴会因为人多，也热闹，程序会稍微简化一些，不需要等待，男士找到自己的座位、照顾好身边的女士就可以落座了。但是主人和主宾入席的时候，大家还是要起立，有时候需要鼓掌表示敬意。这些都需要由主办方研究确定，并提前与主宾协调好，如果需要鼓掌，会安排人领掌。

餐桌礼仪中，有一些由男士照顾女士的礼节，其中也有表达尊重的含义。例如，入座时男宾要照顾女宾，当主人或者礼宾官邀请大家入席时，男士要等待女士落座之后，再行入座。而此刻，当身边的女士站到了椅子前面准备入座时，男士需要帮助把她的椅子推到合适的位置。我注意到，在英国这是男士习惯性标准动作，女士对此不需要推辞，顺势坐下就好。当然，女士落座也需要一定的技巧，被别人照顾时，要恰到好处地从容坐下，不要离桌子太远或者太近。如果是裙装，则要把裙摆整理好之后再落座。若等男士回去入座之后，自己还需要前后挪动椅子，或者又站起来整理衣裙，会有失礼之嫌。

根据礼仪书上的说法，要保持宴会上的端庄仪态，无论女士还

是男士，可以坐在椅子的前2/3部分，这样能将身体挺直，而不会慵懒地靠在椅背上。当然，这个要求有点儿高，并非一定要做到。不过，有些基本规则应该注意，比如，要尽量避免跷二郎腿，更不要抖腿。我有一次参加晚宴，腿前长餐桌的挡布一直在抖动，其他人也感觉到了，显然都有点儿不舒服，不约而同地左右看看。大家注意到，是坐在中间的一位年轻男士跷着的二郎腿一直在抖动，或许是因为有些紧张吧，或者是无意识的习惯性动作。不过大家都礼貌地克制住制止他的冲动。

另一个与坐姿相关的、容易被忽略的细节是，手持刀叉或者交谈时，最好不要将胳膊肘架在桌子上。我自己常会有意无意地做这样的动作，因此需要时常提醒自己。正确做法是，手持刀叉时，将小臂靠在桌沿上，把食物放到嘴里之后，就不需要继续握着刀叉了。刀叉可以放在盘子上，双手则可以放在腿上或者桌子上。此外，在餐桌上要避免抓耳挠腮、清理嗓子等小动作，因为这会让身边的人感到不适。

1992年我在金边的联合国临时机构参加维和行动，其间一度在柬埔寨外交部执行监督任务，午饭就在附近的小西餐馆吃。当地气温特别高，餐馆有空调，各国维和人员会早早地来到餐馆，是等饭也是纳凉。这里餐食简单，很干净，桌子上铺着白色的桌布，摆着刀叉和水杯。我等着无聊，听大家闲谈时，自己喜欢横过来竖过去地摆弄刀叉。一次小队里的希腊人坐在我对面，看我一直在摆弄刀叉，终于忍不住问：“你为什么这样心绪不宁呢？”这让我意识到，即便是一个简餐，餐桌礼仪也是不能忽略的。人的肢体语言会传递出各种信息，例如，双手交叉抱胸会给人以距离感，眼睛不肯直视对方会让人觉得有所隐瞒，手上小动作多会显得焦虑，等等。

坐姿的培养需要从年轻时开始，让从未经

过这种训练的人去刻意摆姿态比较困难，有的人甚至会有抵触心理，觉得“我就这样又如何”。作为外交官，个人的仪态中有国家形象的成分，因此，一定的自我约束和仪表管理是必要的。年轻人可以尽早培养好的坐姿，一个简单的方法是，在椅子上坐下时，可以想象有一条线从头顶顺着颈、背一直垂下去，这样就能呈现最好的体态。在交谈和进餐的过程中，可以始终有意识地保持背部自然和端正。这样做最初会有些困难，经过一段时间的坚持和适应就不再觉得辛苦了。而坐姿的优雅可以为你在外交场合赢得很多好感和尊重。

餐巾的使用有比较多的方式，我的基本态度是入乡随俗，观察和遵循当地的惯常做法。最常见的是直接平铺在腿上，也可以将餐巾的一角压在盘子下面，让其他部分搭下来铺到腿上。具体如何做可以依循餐厅的习惯。较为年长的人可能更愿意将餐巾的一个角掖在衬衣领子里，然后把整个餐巾铺在前胸，这样可以避免食物掉落弄脏衣服。虽然这并不符合规范，但是对长者而言，是可以理解的。用餐巾擦嘴时，在嘴边轻轻点着就可以，不必用力擦抹。女士尽量不要让餐巾沾上口红，因为这将难以清洗，如果需要擦抹，可以使用餐巾纸。

餐厅的服务中有大量的人力投入，对服务人员和他们工作的尊重也是餐桌礼仪中不可或缺的内容。当食物被端上来时，可以适当对服务人员表示感谢，说一句“Thank you.”（谢谢。）

就餐过程中，如果女士需要暂时离席，两侧的男士总应有一位及时起身帮她挪动一下椅子。宴会结束女士起身时，男士的最后一项职责是帮助把她的座椅拉开，方便她离开，然后推进去，方便旁边的人走动。

餐前酒会

餐前酒会大约在正式开餐前的一刻钟到半小时内进行，在请柬中会有注明，客人只要能在这个区间内到达都是可以的。出席家宴不宜提前到达，宁可略晚一点点。尽管家宴可以外请厨师团队，但是许多情况下是主人夫妇亲自操持，如果在准备工作的最后阶段客人提前出现了，会让人措手不及。诚然，如果自己做东，则需要稍微提前做好准备，避免让客人成为最先抵达现场的人。

餐前酒会的目的是提供一个场合，让宾主彼此熟悉和交谈，也是为了有充分的时间让客人们陆续到达，这样大家可以正点同时入席。尽管这不是一个必须参加的环节，但是能够出席总是比较好的，有机会结识更多人。尤其有的客人是自己交谈的目标，却不一定是邻座，酒会提供了一个找人谈话的机会。

作为主人承办规模不那么大的宴会时，如果有不熟悉的客人，需要提前做好功课，在网上查到照片，记住名字，否则当客人进门时自己完全对不上号就不好了。如果是主办大型活动，可以有得力助手协助辨认、从旁提示。

我在驻英国的大使官邸举办小型午宴或者晚宴时，偶尔也会把餐前酒会改为茶叙，亲自为客人泡茶、分杯乃至邀请品茶，讲中国茶的故事，讲种茶和做茶人的不易，通过传递茶文化的信息，宣介中国历史和文化乃至其中的内涵。英国人爱喝茶是举世闻名的，而

出席外交酒会穿的这款旗袍因放低了衣领而更加舒适

且他们声称自己天生就长了“甜齿”，喝加糖的茶可以变得更加聪明、勇敢、乐观。大多数人不了解中国茶和茶的历史，不知道饮茶可以有如此优雅的过程。虽然我也是只知皮毛，但是在他们眼中已然很新奇，一套茶艺动作下来客人们眼花缭乱。尤其重要的是，让他们不加糖和奶饮茶，真正品到茶的香韵。

说到茶，有一次中国领导人访问伦敦时，英方安排了与查尔斯王子的会见。查尔斯提前到达代表团下榻的海德饭店，等候期间我陪他喝茶。之前饭店的主管戴晓红就给我介绍过，查尔斯喜欢Earl Grey(伯爵红茶)，茶杯中先放蜂蜜，倒茶后加牛奶。我自己先试了一杯，感觉这样调制出来的茶不仅不热，也没多少茶味。查尔斯提前到了，落座之后喝茶果然是这样的程序，我也要了同样的茶，但

在大使官邸举办小型午宴或者晚宴时以茶叙取代餐前酒会

是没有加糖，也不加奶，感觉味道好许多，至少喝出了红茶的味道。还有一些等候的时间，我与查尔斯聊了起来，我从茶这个话题说起，介绍中国茶的诸多种类和饮茶之道，他听得津津有味。

菜单的翻译

当我作为主人，在使馆或者大使官邸宴请客人的时候，会选择中餐。在餐桌上需要为客人们提供中英文对照的菜单，摆放中式餐具的同时，也会提供刀叉。很多外国客人愿意尝试使用筷子，不少人能用得相当顺手，曾经有位客人向众人展示了用筷子夹花生米的技巧，赢得佩服的掌声。

大使馆的中餐比较正宗，客人们都会满怀好奇地认真看菜单，也关心其背后的烹调技巧。在这样的宴请中，菜单的翻译是一个相当大的难点——短短几个菜名，却集中反映了东西方表达方式的差异。在我看来，传神地翻译一份菜单，准确地传递其中的内容，难度不亚于翻译一首诗歌。

表达中国菜式和表达西式菜品的理念有所不同。西式菜单介绍菜品时强调食材、做法和浇汁成分，而中国菜名不仅要求写实，也追求写意，有时，后者比前者更为不可或缺。

例如，西式冷盘中有“四季豆培根卷”“鲜番茄奶酪拼盘”，主菜中有“香煎小羊排配香醋汁”“柠檬汁烤鸡胸”“约克夏布丁”等，甜品中有“菠菜奶酪千层饼”“芝士蛋糕”等。看到名称，对其中的内容和模样已经大致可以想见。

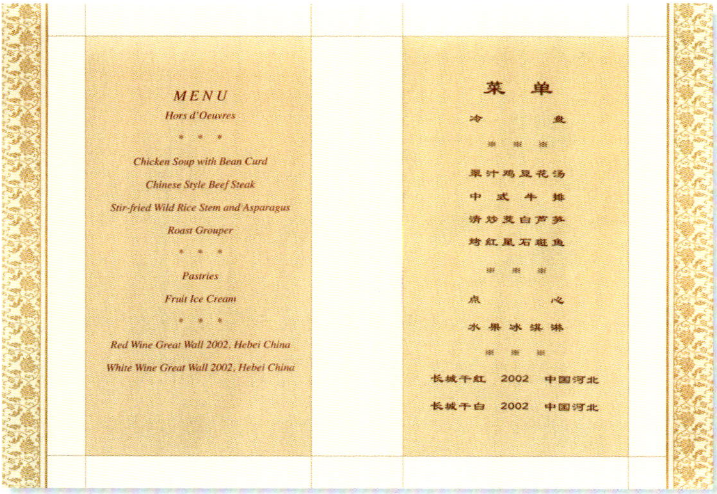

而中式菜名多采用形象比喻的方式，有时还会融入某些历史典故、神话传说，直译难免令人一头雾水。例如“佛跳墙”“八仙过海”“叫化鸡”等，介绍一道菜就需要讲一个相当曲折的故事。

还有的菜名，中国人习以为常，但是倘若直译成外文，难免令人费解。例如，“红烧狮子头”译成“Braised Lion’s Head”（烧狮子头），“龙虎斗”译成“Dragon and Tiger Fight”（龙虎大战），“麻婆豆腐”译成“Bean Curd Made by a Pock-Marked Woman”（麻脸女人做的豆腐）……因此，菜名直译是不可取的。

此外，中文善用象征之美，如以“白玉”命名豆腐，以“翡翠”命名青菜，以“芙蓉”命名蛋清，美则美矣，翻译出来令人不明所指。

记得早年有一次我在国内陪同外国代表团参观访问，午餐时饭店的菜单中有一道“四喜丸子”，英文直译为“四个快乐的肉球”（Four Happy Meat Balls）。客人们大为期待，心心念念等着品尝这一道菜。待到模样普通的肉丸子呈上桌来时，显然有点失望，不过吃了一个后还是表示：“好像是比刚才更快乐了一些。”我介绍说，“四喜丸子”是鲁菜菜系中一道传统名菜，用四个色、香、味俱佳的肉丸子寓意人生福、禄、寿、喜四大喜事，这个名称表达了吉祥之意。遇到“夫妻肺片”这道凉菜，我会给客人介绍，这个菜名背后是一个家庭的励志故事。

东西方饮食文化的差异是比较难跨越的，现在已经有更加专业的菜单翻译机构，力图在中外菜单的不同表述和内涵中寻找平衡点。我对菜名英译难题的处理办法是尽量达意，避免被表面的形式所累。使馆菜单翻译主要体现“烹饪方式（煎炒烹炸蒸炖）+ 主料 + 辅料”，必要时也强调口味（浇汁）和刀法，例如“糖醋”还是“麻辣”，“丁”“丝”还是“片”“柳”。那些写意的部分难以全面呈现，有时就忽略了，但是现场会做些延展性的介绍。对一些中国特有的食品，干脆直接采用音译的方式，例如豆腐（Tofu）、饺子（Jiaozi）、包子（Baozi）、烧麦（Siumai）等。

诚然，请人来吃饭，目的还是交朋友，答疑解惑。对菜肴及其背后故事的介绍，可以让严肃的话题从风俗文化这样的轻松角度切入。

我在义乌小商品城采购时，看到一种圆形的团扇，扇柄上挂着中国结吊坠，就买了一批，拿回来做成了“菜单架子”——将正反两面打印了中英文菜单的薄纸剪成圆形，装进扇框里。应邀前来的

外国客人对这小小的物件爱不释手，多会带走留作纪念。后来还采用了把打印出来的菜单装在一面小拨浪鼓上的做法，也成为受欢迎的纪念品。

谈资

主人邀请宾客相聚，是要创造一个外交和社交机会，应该充分利用。作为使节，了解驻在国是处理外交事务、做判断的重要基础，而了解的途径除了读书、看报和翻阅资料，就是通过寻访和与当地人交往增加知识。同时，使节也承担了传播自己国家的政策和信息的责任。因此，赴宴之前需要考虑一些谈资，最好提前了解自己在餐桌上的左右邻座从事什么职业，有哪些擅长和偏好，以免泛泛而谈。赶上随机就座的小型家宴，也可以考虑一下别人关心的和自己想了解的话题。

陌生人初次见面需要相互自我介绍。人们常说，在伦敦寒暄最容易切入的话题就是天气了，确实，这里总是阴沉沉的，难得见到一个艳阳天。我看到过一个“国民幸福指数”调查，英国竟然只有6%，而不丹高于60%。我访问过不丹，不仅当地人民的平和、友好让人印象深刻，每天灿烂的阳光和透亮的空气也令人陶醉。相比而言就可以理解为什么在英国，人们很容易在对天气的抱怨中产生共鸣。

接下来能拉近距离的，可以是当下最流行的小说、正在上演的剧目或者电影、引人瞩目的足球比赛等等。因此，需要对这些话题都有所了解，以便于在交谈的热身阶段就能够参与进去，对大家提到的内容不会有距离感。

伦敦的文化生活很丰富，与我年龄相仿的公务人员或者企业界人士，每月可能会选择观看一场戏剧、音乐剧，或者去听音乐会。各个社团邀请知名人士的主题演讲也颇受欢迎，如果连续错过几场重要的主题演讲，人们就会担心自己的知识“落伍”。重要的艺术展或者历史展览也是不容错过的知识普及大课。我虽然做不到紧追每个新的剧目或者电影，但是也要尽量跟上文化生活的节奏，对有些来不及去看的节目，至少要看看报纸上的评论。

英国人太喜欢足球了，几乎无人没有自己钟爱的球队。为了在这样的话题上不完全陌生，我认真研究了足球的规则和一些球队的特点，只要有时间也会去现场观赛。有位很要好的英国朋友一家人是阿森纳队的世代球迷，他多次请我去阿森纳的主场看球，现场教授知识。他告诉我，你一旦为一个球队捧场，就不应该再“移情别恋”，这使我选择了阿森纳，生生从一个球盲变成了阿森纳球迷，还获得过货真价实的阿森纳球衣。时至今日，我仍会端着啤酒杯为“欧洲杯”“世界杯”熬夜，乐此不疲。偶尔也会关注中国足球，为其艰难的跋涉之路感叹。

进入正式就餐阶段，谈话会进入比较深入的专业话题，这时就要倚仗个人的知识和资讯积累了。作为外交官，首先要对自己国家的情况和事务无比熟稔，必须养成多读书、多看报的好习惯。我比较喜欢看《人民日报》海外版的知识类文章，可以了解国家改革和发展方方面面鲜活的情况和事例。如果把报纸、网络知识比作快餐，那么正餐就是内容更加系统的书籍了，扎实的历史和理论知识的积累还是要靠读书。对外交官来说，各门类的知识再多也不嫌多，知识越丰富，了解的情况越多，举一反三和应对各种环境就越容易，越善于串联各方面的信息，在谈话中也更能游刃有余。

在外交场合，除了为解决国家间问题进行谈判商议和信息沟通，还有大量的交往是为了增信释疑。我与人接触当中，谈的最多的是中国正在发生着什么，别人邀请我的目的，也是想了解这方面的情况。这些年中国的发展速度引人瞩目，外界对中国的意图和政策高度关心。同时，中国是共产党领导的社会主义国家，在政治制度上与西方国家不同，英国一些年纪大的人往往用苏联作为模板来看待和评判中国。针对误解和疑虑，中国的外交官需要以有说服力的方式介绍自己的国家，介绍我们的制度和政策。因此，一名外交官需要及时学习和掌握国家在各方面的基本情况和政策立场。英国人比较重视说理，遇到在看法上有分歧的时候，只要我掌握的情况更加充分，有足够的事实依据，对方往往是愿意倾听的。尤其是真实和具体的人情故事，更能打动人，赢得认可。

了解对方的情况和信息也是外交工作的重要内容。因此，带着问题去交谈会有更大的收获。比如在餐桌上，如果我旁边坐的是某家银行的行长，我会向他了解英国的金融情况和他对国际金融形势、中英金融关系、中国金融改革的看法。如果遇到巴西大使，就可以多了解巴西乃至拉美国家与英国的关系，等等。如果遇到英国的重要官员或者议员，自然可以谈的内容就更多了，我会提前做好功课，尽量多了解他们的背景和兴趣，以便让我们的谈话令彼此都有收获。

这些年，我在自己驻任过的国家都交了许多朋友，有的多年后仍有来往。例如，我在菲律宾时与前总统拉莫斯有许多交集，虽然我们经常因为有分歧而争论得面红耳赤，但是，彼此都很坦诚，比较信任。我们的友谊在我离开菲律宾后依然持续着。2016年8月，他作为新上任的杜特尔特总统“特使”，领命出面为了因南海问题而僵滞的中菲关系破冰。他点名希望与我先在香港地区见面商谈。当时我已经预订好与家人的草原休假之旅，临时放弃，应约前往。我们谈得很成功，后来发表的共识为双方打开交往做出了贡献。

我感觉，人类的各种文明和文化，在成长和积淀的过程中有许多相通之处。因此，不同国家的人在沟通中最能打动彼此、引起共鸣的，往往是那些在历史长河中沉淀下来的文明成果。因此，学习和了解历史、文学和艺术，可以帮助自己在与陌生人的交往中，更快地搭建起一座桥梁。我小时候喜欢中国古典文学，后来读过一些俄罗斯和欧美的小说。在英国，如果能与当地人讨论莎士比亚、简·奥斯汀，就像外国人能与我们讨论汤显祖、曹雪芹一样亲切，足以让双方的关系热络起来。

30多年前，我曾有机会在意大利参观古代文明遗址和文艺复兴时期的艺术成果。那是1986年的夏天，我参加了一个同声传译小组，在罗马为国际劳工大会服务一个半月。同传是比较耗神的强脑力劳动，劳工组织安排我们每日工作半天、休息半天。

因为我们的住宿地点在郊外，路途远，小组其他同事希望下午工作，我就主动换班承担了每天上午的同传任务，把下午时间留出来，靠着一个小地图册子“暴走”罗马。上午完成工作任务之后能拿到7里拉的餐费，我买一包饼干、一瓶矿泉水作为午餐，剩下的钱用来买博物馆门票。傍晚回到会场，与下班的同事们一起搭班车返回住处。当时有不少参观点是免费的，所以有时还能剩余几个里拉，可以用来买博物馆的介绍册子，回到宿舍仔细阅读，更好地了解白天参观过的地方。

古罗马角斗场、万神殿、许愿池、圣天使桥、坎皮托利尼博物馆、梵蒂冈、圣多米蒂拉地下墓穴……在那45天里，我几乎走遍罗马城的各个角落，看遍每一座博物馆。那时许多户外古迹都是开放式展示的，可以近距离欣赏数千年前人类智慧和艺术的遗迹。虽然回国时零钱在每天的奔波游走中所剩无几，但是游遍罗马在我的人生中却是难以复制的宝贵经历。

1986年意大利的罗马威尼斯广场

1986年夏天“暴走”罗马的珍贵记忆

在45天的参观和熏染中，最吸引我的还是文艺复兴时期的历史和留下来的艺术瑰宝，让我对从书中看到的人物和故事有了感性认识和更深刻的了解，对地中海千年的文明进程有了融会贯通的知识基础。我也逐渐有了自己的看法和偏好，比如，欣赏米开朗琪罗的深邃和执着，喜欢达·芬奇的灵异和聪慧，对拉斐尔的作品很着迷，但是对他的人品有所保留。当然，这些历史人物的品格都是由后人讲述的，到底如何也很难说。

2019年的一个国际论坛上，学者们激烈辩论中美是否进入竞争关系和对世界的影响，我说道，如果中美之间一定要竞争，可以如同达·芬奇与米开朗琪罗之争，那么这个世界或许是可以容忍的。这句话引发整个会场会心的欢笑，在当时的严峻气氛之下十分难得。确实，达·芬奇与米开朗琪罗无论是在对宗教的态度上，还是在对艺术的理解和表现上，都截然不同；他们在竞争中努力做得更好，追求更加极致和完美，从而给人类留下传世的艺术珍品。

总之，这些知识和阅历让我比较容易与各国人士交流和沟通。文化艺术是相通的，了解对方，让我可以更加游刃有余地拿中国的文化和故事作对比，让对方更好地了解中国。

2008年白先勇带着他编导的青年版昆曲《牡丹亭》来到伦敦，6月3日至8日在萨德勒斯韦尔斯剧院演出，我邀请了许多英国朋友去看。我拿汤显祖的故事和他在中国戏剧历史中的地位，与同时期的莎士比亚做比较，让英国人对中国文学艺术的历史产生极大的兴趣。对于外交官来说，赢得对方的好感和信任是增进了解的基础，也能为解决难题提供更好的条件。

谈话的艺术

选择谈话对象和掌握交谈节奏需要有一定的技巧和规则。

比如，即使遇到一个自己非常擅长和了解的话题，也不能兀自滔滔不绝，要适时停下来，倾听对方的观点，让谈话的内容始终在彼此知识和兴趣的交集之中，流畅地进行。要善于提问，对他人保持友善的好奇。

如果座位两侧都有人，一直跟一个人说话而忽略另一个人是不礼貌的，与“左邻”谈话时，别忘了时不时地观察一下“右舍”。倘若一段时间你的另一位邻座默默地进餐，没有人与他交谈，可以巧妙地将你与他人的谈话告一段落，转向这位邻座交谈起来。

与人交谈的时机和内容都很重要。别人讲话的时候，无论自己多么不感兴趣，也要耐心地听完，之后自己再讲，打断他人、插话都不妥当。也最好不要在大家共同讨论一个话题的时候，突然和身边的人聊起其他话题。

在外交场合中难免会遇到分歧，每个国家都有自己的利益，外交官都有自己需要坚持的立场，有需要坚守和维护的重要原则。外交交谈的结果很重要，表达意见的目的是让人了解，能听进去，而不是说说而已，因此在表达的方式上需要用“外交方式”，也即礼貌、平和，而不必在餐桌上争强好胜，压人一头。同时，需要倾听他人，努力了解他人的道理，彼此都需要给出表达空间。在争议性问题的讨论中，重要的是说明事实和自己的观点、缘由，争取让他人多了解中国的立场和背后的逻辑。

这一章尚未进入就餐礼仪环节就已经讲了这么多，可见用“承诺”来形容外交宴请并非言过其实。坚持礼仪的理由之一是，当大家都知道应该如何去做时，就能够按照共同的规则做好，从而通过与人交往有所收获。那么，当你拿到请柬时，准备好了吗？

MY ETIQUETTE

JOURNEY

第六章

餐桌礼仪之二

最好的礼仪是不被察觉的

当你是宴会的主人时，就承担着让每位客人都感到舒适和愉快的责任。当你是客人时，就应该尽情去享受这种快乐，因为这才是主人的意图。而宾主尽欢的前提则是共同遵守和维护既定的规则。如同前面提到的，遵守一个场合的着装要求不是为了炫耀华美，而是为了得体地参与一场约定的活动。一项项看似繁复的餐桌礼仪，在某种程度上会让人感觉被限制了自由，实际效果则是让人们从有序的环境中得到另一种舒适的自由和内心的平静。

餐桌礼仪的背后是历史和生活的积淀，不同的国家和民族在习俗上会有比较大的区别，这里讲的主要是英国等欧洲国家的餐桌礼仪。有些也是国际外交场合普遍采用的礼仪规则，但是仍然不可能放之四海而皆准，只是提供给读者参考。无论在哪里，想当然地理解礼仪总会有出错的风险，每到一个新的地方，总是需要多学习和了解的。

餐具

中式与西式的餐具摆放、使用和就餐方式，有各自的特点。

西餐常见的餐具有吃主菜的大小刀叉、各种酒杯、汤勺，用来往面包上抹黄油的钝边小刀、用来吃甜点的小勺子和小叉子。除此以外，可能会有吃鱼时使用的鱼刀，还有与汤勺不可混用的、前端比较尖的茶匙，用来搅拌咖啡或者茶。

宴会开始之前，所需餐具都应该有序地摆放于桌面上了。客人上桌之后，需要先观察一下自己面前都摆放了些什么，最好对所有器具的用途有所了解。

餐盘旁的刀叉是根据每一道菜的需要而摆放的，盘子的左边是叉子，右边是刀，汤勺在右边最外面。吃甜品用的小勺子和小叉子横着摆放在盘子上方。有几道菜就应该有几副刀叉，根据一道道菜品按照从外向内的顺序取用就可以。每道菜盘撤走的时候，相应的刀叉等餐具也会被撤走，而不会继续用于下一道菜。有经验的人看刀具就可以猜到会上什么菜了，如果有鱼刀，主菜应该是鱼。进餐过程中，万一餐具掉落到够不着的地方，不必弯腰去捡，以免影响他人进餐，可以请服务人员提供一副新的。

餐盘右边摆的杯子大小高低不同。最小的是甜酒杯，用于餐前酒或者餐后酒。大点儿的杯子用来喝葡萄酒，白葡萄酒是冰镇的，杯子略小于红葡萄酒杯。还有盛放饮料或者水的杯子。有些场合提供的酒的品种可能更多，因此会摆上更多酒杯。喝威士忌和白兰地的酒杯比葡萄酒杯小一些，但是通常不作为佐菜的酒，除非是专门品尝酒的场合，否则不太会出现在餐桌上。

服务员根据菜品给每位客人倒酒，冷盘或者白肉[1]搭配白葡萄

1　白肉一般指的是鱼肉、虾肉、贝类、鸡肉、鸭肉、植物肉（大豆）等。

香槟酒杯
CHAMPAGNE FLUTE
甜品勺
DESSERT SPOON
红葡萄酒杯
RED WINE GLASS
黄油刀
BUTTER KNIFE
DESSERT FORK
甜品叉
WATER GLASS
水杯
WHITE WINE GLASS
白葡萄酒杯
BREAD PLATE
面包盘
SALAD FORK
沙拉叉
DINNER FORK
餐叉
SALAD PLATE
沙拉盘
SERVICE PLATE
(MAIN COURSE PLATE)
主菜盘
DINNER KNIFE
餐刀
SALAD KNIFE
沙拉刀
SOUP SPOON
汤勺

酒，红肉[1]搭配红葡萄酒。如果有甜酒，则会在主菜之后与甜食一起上。不喝酒的人一开始就应说明，服务员会撤走杯子，避免后来添酒时又给你倒酒。

有时，桌子上的客人坐得比较拥挤，餐具摆放得很密集，容易分不清楚哪个餐具是自己的。可以记住“左吃右喝”这个简单的原则：左边的面包盘子是你的，右边的酒杯是你的。

中国人的宴会桌子上会有擦手用的湿毛巾，因为筷子放在右边，所以在餐盘左边摆放的毛巾是你的，最好不要拿乱了。我曾经遇到这样的客人，伸手拿了右边的毛巾，之后又开始用左边的毛巾，给邻座带来不便。如果拿错了，就可以把没有用过的换给对方。

桌子中间摆放着胡椒、盐等调料瓶。如果感觉菜的口味偏淡，可以酌情添加。不过不要把盐直接撒在食物上，可以撒在盘子的一侧，然后自己调味。

一道新酒上来之后，哪怕前一道酒味道很好也最好不要再喝了。另外，如果不想多喝酒，也不必阻止服务员倒酒，如果自己的酒喝完了，也不必招呼添杯，专业服务员能够察觉到客人的意图，会主动提供服务。作为客人，顺其自然就好。一般甜品上来之后，服务员就不会再为佐菜的葡萄酒续杯了。

1 红肉一般指猪、牛、羊等畜类的肉。

点菜

2010年1月30日，《金融时报》（*Financial Times*）总编辑巴伯（Lionel Barber）邀请我在伦敦戈林酒店（Goring Hotel）共进午餐。“与《金融时报》共进午餐”（Lunch With The FT）是这家报纸著名的周末专栏，始自1994年，以总编辑和嘉宾进行两小时午餐对谈的形式，展现各界知名人士的故事、观点和态度，颇受读者欢迎。

我与巴伯这一天的谈话内容在互联网上不难找到。在这里想与读者分享的是一个给我印象颇深的细节：吃鱼。戈林酒店是伦敦所剩无几的家族酒店之一，菜品以“地道的英格兰风味”著称。我到英国后与巴伯多次打交道，成为朋友。他发现我对英国菜的知识仅限于“鱼和薯条”或者“布丁”，这让他心有不甘，特意邀请我品尝更加细腻和高端的英国菜品，所以提议在戈林酒店共进午餐。

这天，我在巴伯的推荐下点了一道腌鲱鱼（Soused Herrings）作为前菜。他告诉我这种鱼的味道相当好，只是刺多。没关系，我愿意尝一尝。但是，当我开始吃鲱鱼时才意识到自己犯了错误。这鱼的味道确实鲜美，然而，那一层层小刺之细密，依我用刀叉勉强及格的水平，几乎无法剥下一块完整的鱼肉。而我是在接受采访，录音机摆在那里，我必须把注意力放在巴伯提出的各种问题上，这可真是一个在美食与思考之间分配注意力的博弈时刻。

巴伯也点了鲱鱼作为前菜，他吃得专注、姿态优雅，毫不掩饰对腌鲱鱼美味的欣赏。当盘子撤走时，鱼已经被吃得干干净净，只剩下排放整齐的细细鱼刺，真不知道他是如何做到的。我的盘子里则是一片狼藉，而且自己并没有吃到几块鱼肉。这让我在对他钦佩之余也记住了，在以交谈为目的的场合，一定要选择容易对付的菜，正所谓“餐桌上不要冒险”。

《金融时报》根据采访惯例在报道我与巴伯的谈话内容时，也在版面的一角刊登了我们在戈林酒店午餐的账单，从中可以看到，标准的西餐有三道：前菜（沙拉/汤）、主菜、甜点。

The Goring Hotel
Grosvenor Gardens, London SW1

Set lunch x 2 **£70**
Soused herring
Pear and beetroot leaf salad
Steamed fillet of Cornish sea bass with baby spinach
Jam roly poly with custard
Poached pear with ice-cream

Coffee x 1 **£5**
Pot of Assam tea x 1 **£5**
Large still water x 2 **£8.50**

Total (including service) £99.56

戈林酒店账单
午间套餐×2份，70英镑
腌鲱鱼
梨拌甜菜叶沙拉
蒸去骨康沃尔海鲈配嫩菠菜
果酱布丁卷配蛋挞
炖梨配冰激凌
咖啡 ×1份， 5英镑
壶装阿萨姆红茶 ×1份， 5英镑
大瓶净水×2份， 8.50英镑
合计（含服务费）， 99.56英镑

外出到餐厅就餐，点菜是门学问，不熟悉的情况下可以客随主便——参考主人的选择。具体点菜根据时间决定，尤其是午餐，如果预定的进餐时间不足两个小时，可以免去前菜，只点一道主菜，之后喝茶或者咖啡，不点甜品，这样才有可能在两个小时之内结束。如果时间很充裕，可以加上前菜和甜点，大概需要两个到两个半小时。工作午餐（Working Lunch）相对简单一些，三明治加咖啡是常见的方式。晚宴是正餐，会更加丰富，包括前菜、主菜和甜点，这也意味着宾主要在这里消磨大约三个小时的时间。

点菜时需要注意的是，前菜中的沙拉或者汤是否都要点，取决于进餐时间。如果是工作餐，可以二选其一。容易出现的情况是，时间并不宽裕时，大部分人都只点了前菜中的一种，而少数人点了两种，既点了沙拉又点了汤。后台的厨师要在所有客人都吃完一道菜、服务员将前菜的盘子和刀叉都收回之后，才开始做下一道菜，以确保菜品的新鲜和热度，用中国人的说法就是保持“锅气”。如果大多数人都吃完了自己点的一道前菜，服务员又单独为少数人上来他们点的第二道前菜，那么其他客人只能坐在那里等，如此占用别人的时间不太合适。

在亚洲一些国家，饭店的菜饭是成套的，点一道菜就会搭上一份米饭、汤和其他配菜，如果一不留神多点了几道菜，就有可能面对多份饭菜。所以，点菜还是有些学问的，而且应该秉持一种节俭和克制的心态，这个品格在任何文化当中都会受欢迎。

在饭店举办的公务宴请多是根据预算订套餐，偶尔也会考虑到客人的不同口味，提供少许选择。人少的时候可以分别点菜，由服务员逐一记录每位客人的需求，据此提供。如果是固定套餐，尤其在大型宴会上，一般主菜会有两种，例如鱼或者牛肉，鸡或者羊肉，以照顾到客人的不同口味。服务员会将两种菜间隔座位奉上，客人没有特殊需求不必调换，也可以提前看好菜谱，向服务员说明自己想要哪一种菜，或者讲明自己食素。这种场合当地的人会注意照顾身边的女士或者外国客人，菜上来之后常主动询问是否有人需要与自己的那一份调换。

我对各色餐食总是怀着欣赏和认真享用的心态，对主人的尽心尽力也会给予赞赏。

进餐

何时开始进餐？一个简单的原则是：所有人的菜都上齐之后，主人会示意大家开始用餐，并自己先拿起刀叉，这时客人们就可以开始吃了。哪怕是自助餐宴会也需要遵循这个原则，而不是自己取到食物就坐下吃起来。在比较正式的场合，自助餐也应该按照第一道是前菜、第二道是主菜的顺序拿取。取下一道菜时，最好等主人起身了再去。

有一种特殊的情形，有的人可能正在节食，吃得很少。如果宴请地点是在餐厅，可以只点一份沙拉或者一份汤，其他时间和大家交谈，这种健康饮食的态度是无妨的。不过，如果是出席家宴，最好不要拒绝食物。如果有食物过敏等情况应提前打招呼。

至于上菜顺序，中国人的规矩是先给主人上菜，再给客人上，这个是有考虑的，也是一种传统。这方面的记载和说法比较多，比如，凡熟食主人都得先尝，以确认食物的口感和安全；水果之类让尊者先食用，少者不可抢先；等等。[1]现在中国宴会的上菜规则更加务实，例如在大会堂举办宴会时，上菜的模式是先把主宾与主人的菜同时上，然后给其他客人上菜。

在英国是先客后主，客人中女士优先。我在驻英国大使馆待客也采用当地的这种顺序，我是主人，同时又是女士，但是还是先给客人上菜。我注意到，大型活动需要比较多的服务员，主办方会尽量让前面和后面同步上菜，避免时间上的差距影响整体宴会的节奏。一种方式是从中间向两侧上菜。例如，我有一次在法国出席一个80多人的晚宴，长桌上宾主对面坐，每边40人。先上的是主宾的菜，然后多位服务员分别从中间向两侧和从两侧向中间同时上菜，这样比较快。最后上主人的菜，当他拿起刀叉的时候，大家就都开始吃了。

吃西餐时，右手用刀子切割食物，左手用叉子叉起食物送入口中，这个过程中也有一些基本的礼节。例如，进餐时身体最好不要

1 王东阳. 古人是怎么请客的？[J]. 中华遗产，2013，000(003):158—159.

动作太大，不需要俯身用嘴去够叉子上的食物，而是尽量保持正常坐姿，用叉子递到嘴里。另外，让盘子保持干净很重要，如果牛排等主菜分量太大，吃不完，可以顺着一边切，剩下的留在盘中也应该靠在一侧，而不是摊在中间。如果是自取的餐食，要把量控制在能吃完的范围内。如果对食物的需求量比较大，可以分两次取，避免一下子在盘子里堆得太满，也不要把冷菜、主菜甚至甜品都同时堆在一个盘子里。

中国人习惯用筷子，用刀叉吃西餐有些困难，我至今也没有能够完全熟练地使用刀叉。尤其我们大部分人是右手用筷子吃饭，使用刀叉是左手用叉子往嘴里送吃食，难免感觉吃力。有一次，一位朋友请我到一家意大利餐厅午餐，点了意面。看着他用叉子卷面条吃，娴熟至极，姿态自然，而且毫不影响他侃侃而谈，最后盘子里的面条丝缕不剩。而我用刀叉无论如何都对付不了滑顺的意大利面条，感觉有点狼狈，最后基本放弃。

用刀叉的原则之一是尽量让叉子保持尖儿朝下。有时我会忘记这一点，尤其在不顺利的时候，会忍不住把叉子翻转过来当勺子用，甚至把叉子倒到右手用，这比较符合中国人的习

惯。观察英国人，基本上能够一直让叉子背朝上，从从容容地对付各种食物，其中也是有一些技巧的，比如吃豌豆时，在叉子上附着一些土豆泥将豌豆粘住。英国人爱惜食物，点菜节制，盘子里的食物很少剩下，最后能用面包把汤汁都蘸干净，而且吃相得体。这应该是从小培养出来的习惯。

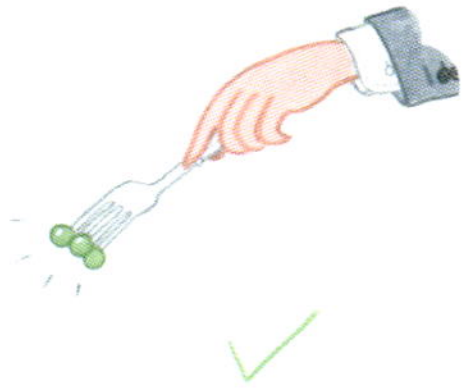

如果在外国遇到没见过的食物，不知怎么吃才对，那么不要着急，可以先观察一下别人如何操作，照做就好。不过，认不准的食物宁可不吃，我有一次在印度访问时就犯过错误。印度食品偏辛辣，而我不喜辣子，餐间上来一小碗汤，里面浮着一个椭圆形的紫红色果子，像是大枣。我把它捞出来放入口中，这时才意识到那是个极辣的红辣椒，当即有七窍生烟的感觉。然而，在宴会上吃进嘴里的东西再吐出来极不礼貌，我只能慢慢咽下。一直到离开印度，那猛烈的辛辣在口中余威犹存。

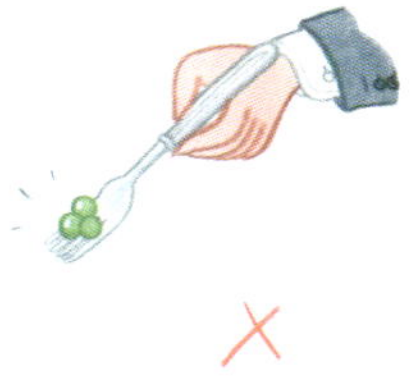

使用刀叉有一些无论如何不应出现的错误：不能用刀子扎上食物往嘴里送，不能在把食物送进嘴里后仍手握着刀叉，说话时要将刀叉放下，切忌手握刀叉在空中挥舞或者指向别人。进餐过程中，放下的刀叉要按照“八”字形摆放在盘子上。一道菜吃完之后，需要将刀

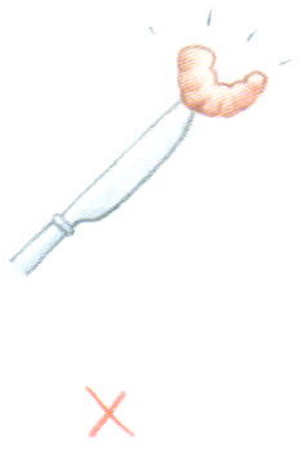

叉并排放在“四点钟”的方向，尖朝上，这是向服务员示意进餐完毕，可以将餐具收走了。如果你发现别人的盘子都被收走了，你的却迟迟没有被收走，可能是因为你的刀叉没有摆在显示“用毕”的位置上。

西餐中，有些食物是可以（且必须）用手拿起来吃的，比如面包和巧克力糖。可以直接从放在餐桌中间的面包篮中拿一个面包放在自己左手的盘子里，不过不宜像吃馒头那样直接咬着吃面包，而是掰下能一口吃下的一块，用黄油刀抹上黄油，或者蘸一下橄榄油，放入口中。巧克力也是这样，可以掰一块一口吃下，而不要咬一半留一半（这个原则对女士可以略有放宽）。

我早年当翻译，在餐桌上往往不得不边吃饭边讲话，其实在外交场合这样不妥，最好不要嘴里含着东西说话。赶上嘴里有东西时别人向你提问，可以不急于开口，先把食物咽下去再讲话。看到别人正在吃东西也要避免提问，可以自己多讲几句，边说边等对方吃完嘴里的东西再问。

西餐中的汤是盛在盘子里的，有清汤，也有比较黏稠的奶油汤或者土豆汤，浓汤在食用时像是“吃”而不是“喝”。用勺子从盘里

盛起汤食后，要从勺子的一侧往嘴里送。盘底的汤所剩不多时，可以将盘子从靠身体的一侧向前稍稍抬起，用勺子从倾斜处舀着喝，但是切忌端着盘子喝汤，也要避免勺子在盘中刮出响声。

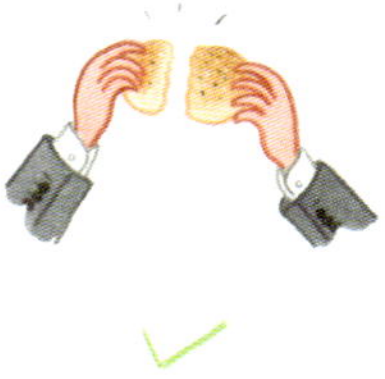

大多数礼仪书都会注明，喝汤时不要出声，这一点似乎很重要。但是，各国习俗不同。有一次，我应邀与其他同事一道，在日本驻华大使官邸做客，是席间唯一的女性。一道汤面上来后，所有男士都埋头吃起来，而且发出呼噜噜的声响。这与我们中国人平日在家里吃汤面很像，但是这毕竟是外交场合，我有点疑惑地向旁边一位中国同事请教："吃面是要出声吗？"他说："是啊，这样才显得香！"我问："日本女性吃面也出声吗？"他迟疑了一下，说道："这个……我没有注意过。"我决定自己吃面时还是稍微安静点为好。

为此我请人查找了一下日本在这方面的礼仪规则。日本的代表性面食是荞麦面（Soba）和面条（Ramen）。根据礼仪提示，吃荞麦面和面条时要发出"吸溜吸溜"的声音，而"吱吱"地嘬食是失礼的。还有一条规矩，面条入口后不可以咬断，也就是说，根根面都要吃到头，这就可以理解为什么要吸着吃面了。而且

日本人吃面的礼仪不区分男女，规则皆同。不过，日本礼仪书中也提到，近年人们的国际化意识逐渐增强，吃面条时要顾及周围环境，随机应变。[1]言外之意，在国际场合吃面，出声时可以有所克制。

由此看来，在国际交往中，有些礼仪规范是共同和相通的，也有些礼节与国家独特的风俗和习惯有关。作为外交官，需要多了解和学习，才能少出错。

有关个人形象及妆容也不妨在此冗言几句。出席晚宴之前，若有条件最好冲个澡。因为忙碌一天的人，体味、头屑都是难以避免的，通常认为，只有90岁以上的老人才有资格不在乎自己肩上的头屑。

女士妆容不宜过重，眉、眼、唇，突出一处就好，最好不要处处浓艳。在这种人与人近距离面对面的场合，妆容需要比镜头之下稍微淡一些。

晚宴过半时，女士可以离席去卫生间补妆。如果动作够快，在餐桌上补口红也是可以的，比如，在喝完茶之后，不引人注意地补一点口红属于常见情况。不过，最好不要在餐桌上拿出化妆镜旁若无人地补妆。我在午餐演讲或者晚餐演讲的时候，会在走向讲台之前，快速地补一点口红。

1　[日]小仓朋子. 受用一生的餐桌礼仪[M]. 食帖番组，译. 北京：中信出版社，2019：42—43.

酒文化上的求同存异

中国人喝白酒喜欢碰杯，而且以干杯为敬。这些年还出现了“转桌”的现象，就是自己拿着分酒器和酒杯，向桌上的其他人一一敬酒，似乎唯此方显得礼数周全。碰杯时有一些不成文的通行做法，例如，身份相对低的人喜欢让自己的杯沿低于对方的杯沿，以示尊敬。另外，喝白酒须举杯即碰，如果自己拿起酒杯来不与别人碰杯，自顾自地喝酒，会被视为是在“喝闷酒”。

英国宴会的祝酒习俗有所不同。

喝葡萄酒时，不需要“端杯即碰杯”，更不必“转桌”，通常是自己边吃、边喝，小口慢品。葡萄酒作为佐餐酒，与进餐食物的关联度比较大，需要自己根据进食的进程掌握何时饮酒。如果嘴里刚刚吃了一口肉，还没有嚼完，别人就要求碰杯喝酒，白酒作为粮食酒何时喝一口都无碍，葡萄酒是水果酒，就不一定随口都适宜了。

葡萄酒不似小杯白酒，以一口饮尽为乐、以“干尽”显示诚意。大杯葡萄酒不太适合“干杯”，若是真的一口把一杯葡萄酒喝干了，未免有点暴殄天物，这是东西方酒文化上的差异。我在澳大利亚的时候，听过做酒庄的朋友讲自己酿的酒是怎样的心爱之物，饮酒时需要如何缓缓地唤醒、静静地观赏、慢慢地品鉴。由此可以理解，在葡萄酒文化的背后，是对劳作者的不易和匠心的尊重。

在外交场合，喝葡萄酒相互祝酒的时候，举杯示意就可以。值得一提的是，在英国的乡间风俗中，举杯时最重要的是目光相接。根据古老的习俗，如果向对方敬酒，眼睛刻意不看对方，不仅不礼貌，甚至有诅咒（Curse）的含义。这和中国人喝白酒的习俗很不一样，白酒杯比较小，如果要目光相接，同时想要酒杯碰到一处，是高难度动作，更难顾得上杯沿的高低。所以，白酒敬酒不要求眼睛对视。

国际比较通用的敬酒用词是“cheers”，原意是“欢呼”“喝彩”“加油”，也有“谢谢”的意思，可以翻译成“干杯”。现在，国际上开始流行一些常用的中文词语，直接说“Gan Bei”也是可以的，大部分外国人都能懂。

我在大使馆宴请，有时也会上白酒。那么，在中外不同的饮酒礼仪中如何找到平衡呢？我自己很少喝白酒，遇到有英国客人喝白酒，需要用小杯子敬酒的时候，我会先与对方眼睛对视。这种时候对方必然也是在用眼睛看着提议敬酒的人，他们有这样的习惯。然后我会用中国人的方式去与对方的杯子相碰，表示“干杯”，不过不必要真的干掉这杯酒。

中国的白酒文化历史悠久，博大精深。中国酒，无论是白酒还是黄酒，都源自粮食，有其深沉和透彻的魂魄在里面，酒文化中积淀了中国人千古的梦想和诗情。在现实生活中，酒在中国人的家庭和社交中占有不可或缺的重要地位，正所谓无酒不成席，也是人们从生到死一生仪式的陪伴者。因此，中国人喝酒要干杯，要喝透、喝好，这是有自身逻辑的。当然，对酒不存在好坏善恶的定义，饮酒适度，尽欢而不醉，大家高兴就好。在外交场合，素有“饮酒不要超过自己酒量1/3”的要求，更不能醉酒失态。

我先生老郝算是懂白酒的人了，但是他对喝酒“转桌”的做法很不认可，每每劝说大家相互示意敬酒就好，不必“转来转去”，免得在一顿饭间一轮轮地站起来坐下、坐下站起来地忙乎，往往点好的菜肴来不及品尝就凉了。另外，他觉得放低杯沿表达敬意的做法似乎也不宜成为中国人的餐桌礼仪，这种敬酒给人逢迎之感，助长讨巧的风气。除非是对长者，否则不建议鼓励这种做法。

现在许多中国人也开始喜欢葡萄酒，因为相对于烈性白酒，葡萄酒温和得多，尤其对于女性来说，平均12度左右的葡萄酒口感和舒适度相对好接受些。更有趣的是，人们创造了西为中用的饮酒方式，每次在葡萄酒的大杯中只倒一点点酒勉强覆盖杯底，显然是照顾到“干杯为敬”的需要。有时外国客人会不解地问，这是什么特殊的酒？因为，喝葡萄酒的习惯是，酒要倒在酒杯2/3处，不急于干杯，而是随着个人的进餐过程慢饮。当杯中酒落到1/3处以下时，服务员就会过来添酒了。

在祝酒方面，外交场合有一定的规范，比较常见的是在宴会开始之前安排主人和主宾分别致辞3分钟左右。这时候的讲话既要表达政治立场，又需要构建一定的轻松气氛。最后说几句祝酒词，例如，祝愿对方国家昌盛、人民安康，祝愿两国友谊长存。宴会结束时，主人会站起来说几句感谢和祝酒的话，此刻大家都更加熟悉了，可以说几句问候家人和比较亲切甚至诙谐的话。在宴会中长时间讲话是不受欢迎的，除非是专门的晚餐演讲。任何安排好的讲话都有明确的时间标注，不宜拖长。

餐后演讲属于专门的交流活动，有午餐演讲或者晚餐演讲，一般把讲话安排在主菜之后，讲完后回答几个问题。因属于工作性质，这种场合的餐食相对简单一些，但是有时也会上葡萄酒。

我在澳大利亚任大使时，有一次应商会邀请在墨尔本做20分钟午餐演讲。席间上了白葡萄酒，我没有注意到服务员添酒那么频繁，无意间多喝了几口。演讲时，站到台子上脱稿讲话就感觉脑子不够清爽了，只好拿出准备好的稿子念完，不巧的是，那篇演讲稿的字数比往常多，念完了有点超时。我可以从台下人们的状况看出来，这个讲话没能完全抓住听众的注意力，效果不理想。从此以后，无论是做午餐演讲还是晚餐演讲，我坚持在讲话之前滴酒不沾，演讲一定不要超时。

国事宴请的祝酒程序更加严格一些。例如，在伦敦金融城为来访国宾举办的正式晚宴上，祝酒的次数、对象和程序都会列在清单上，与菜单、节目单一起放在餐桌上，整个流程由礼宾官掌管。宴会中礼宾官自始至终站立在主人身旁，适时宣布宾客起立，进行“第一次祝酒”（The First Toast）、“第二次祝酒”（The Second Toast）……每次祝酒都有特定的对象。

通常第一次祝酒的对象是女王和相关国家的领导人，其次是某位政要或者知名人士，然后是在场的外国使节，有时还专门致敬在场的女士。规则是，被敬酒的对象不需要站起来，而是坐着不动，接受其他人起立致敬。起立祝酒的人不必彼此碰杯，只需向对面的人或者身边的人举杯示意、以目光交流。

礼物和问候

中国人有相互赠送礼品的习俗，礼尚往来，表达相敬相思的心意。在外交场合，什么时候送礼，送什么样的礼品，需要参考当地的习俗。在英国，应邀出席大型宴会或者招待酒会，宾客众多，都是由礼宾官出面接待。这种情况下出席本身是最重要的，不必携带礼品，否则会颇有几分“添乱”。参加使团或者友人一定规模的宴会也不需要携带礼品，待到自己举办活动时，把主办方纳入客人名单是比较恰当的回馈方式。

应邀出席家宴，赴约时最好能带些小礼物以表心意。礼物不可太重，更忌大而无当，比如一幅无处可挂的画，或者体积过大的器皿，都不一定会有好的效果。比较常见的是当日购买的鲜花或者品质上佳的巧克力。我会带一瓶包装精美的中国黄酒，也赠送过“二锅头”，很受欢迎。一位朋友对中国白酒印象深刻，说：“那酒喝下去，就像在胃里点了一把火。”

作为内蒙古人，我也从家乡采购过一些富有民族特色的礼品，比如羊绒围巾，非常适合英国的冬季；还有草原无伴奏合唱团的CD，有朋友说，长途开车时听蒙古歌曲，清远悠长，与田园风光甚为相宜。英国人喜欢喝茶，一套精致的茶具也深受欢迎。从宣传的角度，我还赠送过讲中国故事的画册或者摄影作品，还有朋友拍摄的草原奔马等。英文版科幻小说《三体》曾是我送给英国公主的礼物。

出席家宴之后三天内，客人应该寄给主人一张感谢卡（Thank You Note），亲笔写上几句简短的话语，主人收到这张卡片后不需要回复。如果是在节日、生日或者病中，收到别人的祝福或者问候卡片是一定要回复的。尽管信息时代的电子邮件已经让英国的红色老邮筒显得越来越不合时宜，但是，人们仍会时常彼此寄送表情达意的文书。每当我收到彩色信封和里面手书的字条，也总有一种莫名的亲切感。

总之，礼尚往来，贵在有心，要让自己的礼物为对方的生活增添一些情趣，提升一些品质，或者留下一些回忆。

餐桌事故

餐桌上发生“事故”怎么办？比如一杯咖啡突然洒在你的肩上，或者一盘牛排突如其来地扣向你的头顶。

首先不要反应过于激烈，就算内心崩溃，也要克制言行。出错的服务员此刻已经很惶恐和内疚了，你的愤怒只会让他/她更加惊慌失措，很难说不会引发连锁反应。作为客人，须顾及环境，承担维护现场气氛的责任。人的教养不仅反映在与平等对手打交道的时候，更重要的是能够以平等和感恩之心对待为你提供服务的人员。面对这样的意外，恰当的回应是说一声“没关系”，最好的办法是“冷处理”，安慰闯祸的服务人员，安慰主人。这样可以避免事故影响活动的进程，也会让人们对你的宽容留下深刻印象。弄脏的衣服可以清洗，而现场表露情绪造成的负面印象却无法弥补。

我曾目睹过一场家宴上的“事故”。有两桌客人，服务员一只手托着一大盘主菜——肉、土豆、蔬菜——送到客人面前自行夹取，另一只手端着一罐搭配主菜的热汤汁。对服务员来说，端着两盘餐食，一手向前、一手在后是需要一些平衡技巧的。没想到的是，一位坐在另一桌的男士突然起身，肩膀顶到服务员的胳膊，他手中的盘子倾斜，一些菜汁洒到了一位年长男士的肩头。服务员努力保持住平衡，没让另一只手里的汤罐倾倒。

遭遇“事故”的是一位资深人士，他处变不惊，开着玩笑说：“我可没打算吃那么多。”而他身边一位女士的衣裙上也溅到菜汁，有些不快。这位老先生的西装已经惨不忍睹，他一边安慰试图帮助擦拭的服务员，一边问旁边那位女士是否需要什么帮助。女主人快步赶过来将他们带到楼上去清理。

除了赞赏那位老先生的冷静大度，需要提示的是，在公共场合的自我行为约束非常重要。尤其在餐桌上，最好不要有太大的动作，起身前需要观察一下周围环境。再如，在餐后的“咖啡时间”（Coffee Time），大家站在大厅里相互交流，人与人相互簇拥，每个人都端着自己的饮品。这时如果需要在人群中穿行，要小步慢行，尤其从别人视线不及之处经过时，最好说一声“劳驾”（Excuse me），让对方知道身后有人。

在国外时有这样的情况，有的国内代表团进餐时间紧，为了加快进程，会有人主动从餐厅服务员手中接过端上来的菜盘子，自己摆上桌子。这样做会让餐厅工作人员感到紧张，是不符合规矩的，因为容易打乱上菜节奏，一旦出现事故也存在如何区分责任的问题。所以，最好的办法是根据自己的时间条件选择合适的餐厅，点好菜之后，就踏踏实实地按照程序安心进餐。

尊重和顾及他人

人们必不可少的一日三餐一旦被搬到了外交场合，就有了那么多条条框框需要遵循，听上去似乎有些令人望而生畏。我们姑且将那些具体的“应该”和“不应该”视为一种礼节，是一种外在的约束。而礼仪的内涵是源自内心的尊重，也就是凡事要顾及别人的感受，让别人感到愉悦和舒适。

每个国家都有自己的文化和价值观念，每个民族都有自己的生活方式和风俗习惯，没有高下优劣之分，正所谓“各美其美”。当不同的文化和习俗相遇时，遵循基本的礼仪和规则体现的是客人对主人的尊重，这种尊重来自良好的修养和善良的品行。如果每个人都能够对他人心怀尊重，由此而共同创造一个舒适的公共空间，就能为彼此构建起友好氛围和环境，让每个参与其中的人都能实现自己的外交或者社交目的。

最好的礼仪是不刻意和不被察觉的。

穿中式传统长款旗袍适合出席着装要求为黑领结礼服或者白领结礼服的晚宴场合

MY ETIQUETTE

JOURNEY

第七章

剧院礼仪

——保持安静，尊重他人

戏剧文化无论是在东方，还是在西方，都有着悠久的历史。地中海周边国家有许多露天的、石头台阶组成的圆形剧场遗迹。1829年，歌德在《意大利游记》[1]中写到维罗纳露天剧场（Arena di Verona）时，描绘了剧场的由来——那是一座建于公元1世纪奥古斯特王朝晚期的圆形剧场：

露天剧场是我见到保护完好的第一个重要的古代纪念碑……那时候的人民确实伟大，这个露天剧院造得真是好，令人敬佩他们的本事，不能不赞扬这里人民之优秀。

1 [德]歌德. 意大利游记[M]. 赵乾龙，译. 河北：花山文艺出版社，1997：31—32.

如果在平地上有什么可看的，大家会围拢过来。后面的人总想尽可能地高过前面的人，他们踩到长凳上，或者把酒桶滚过来，把车子推过来放上木板，甚至占据临近的小山，于是聚拢成一个凹穴形的环境。

如果大家经常在同一地点观看演出，那么就会有人为愿意付钱的人或者愿意赞助的人建造起简易看台。满足普通公众的需要成为设计师的任务，他们运用高超技巧，建造起这样的凹形剧场……最初人们习惯于随意走动、熙熙攘攘、毫无秩序，现在，这些形形色色的人集合成一个高贵的群体，一个整体，一个由精神赋予生气的形体。椭圆形的好处是里面每个人都能很清楚地看到舞台，每个人都是整体中的一员，这样的整体是多么宏大啊……

从这段文字中不难看出，现代华丽的剧场有着古朴的前身。最初建造阶梯形剧场是为了让聚集起来的普通民众能站得高一点、看得到演出者。经过漫长演变，无序的人群有了有序的环境，寻常的需求被导向艺术的高地。

从英国伦敦复原的莎翁时代的环球剧场[1]（Shakespeare's Globe）可以看出，戏剧文化需要在大众的享受和消费的滋养下丰富起来。这个位于泰晤士河南岸的环球剧场是依据早年圆形露天剧场老建筑的结构等比例复原的，能容纳近2000人。二层保留了少量贵宾席位，一层沿着圆形的围墙是一排排无靠背木凳，舞台下方500个人的站位也依样保留。

1 最初的环球剧场由威廉·莎士比亚所在宫内大臣剧团于1599年建造，1613年6月29日上演《亨利八世》时毁于火灾，1614年重建，并于 1642年关闭。1997年6月12日，一座现代仿造的环球剧场落成并正式开放，距离原址约205米。

圆形剧场繁盛于伦敦处于工业化上升阶段的16世纪，当时大量农业人口涌入城市，在文化生活贫瘠的年代，圆形剧场的剧目成为各阶层人最重要的休闲享受，普通人花一两个便士就可以进入剧场看戏[1]。莎翁在剧本创作上的多产，一方面是他才华的体现，另一方面恐怕也是市场压力所致。当时伦敦民众争相进入剧场看戏，一个剧目基本上一两个月就轮遍了，大家开始期待新剧目。莎翁剧作无论是语言还是内容，都有雅俗共赏的特点，也是他的观众既有贵族又有普通民众使然。

莎士比亚的作品是为公共剧场创作的，背景朴素，不需要特殊的布景设计。[2]进入18世纪，在伦敦、巴黎、莫斯科等大都市，戏剧文化更加发达，出现了许多在世界上享有盛名的剧院，建筑风格和舞台布景日益富丽堂皇。与之相对应，剧场观众衣着也越来越华丽。在19世纪的文学作品里，不乏对当时看戏人“盛装打扮”的描述，其社会背景是贫富差距的拉大，高水准剧院主要服务于上层社会，普通人难以问津。

剧院文化的多元发展

“二战”后中产阶级兴起，戏剧文化随着工业化进程和社会的变迁不断发展变化，剧目内容更加丰富，纳入了大量现代生活元素，对古典剧目的演绎也呈现多元手法，主要目的是适应城市人口

1 [英]彼得·阿克罗伊德.伦敦传[M].翁海贞，杜冬，何泳杉，译.南京：译林出版社，2016：142.书中描述，与环球剧场同时期建立的财富剧院，票价是站位1便士，硬座椅2便士，3便士就有“最舒适的软座”。

2 [美]马文·卡尔森.戏剧：牛津通识读本[M].赵晓寰，译.南京：译林出版社，2019：110.

变化，更好地吸引不同观众群体。同时，随着大众参与度增加，有关衣着的标准也日益放宽。

当代英国权威礼仪指南《德布雷特手册》（*Debrett's Handbook: British Style Correct Form Modern Manners*）提道:“尽管前往剧院不再需要盛装，但是衣着考究是表达尊重所必要的，衣着过于休闲在正式剧院是不得体的。”

美国这方面的规则似乎更为宽松，很多剧院在官网上发布的“观演须知”中，以轻松口吻打消了人们在穿着方面的顾虑。例如，网上一则近年发布的“百老汇剧院礼仪”声明说道:“不要认为你必须盛装出席，除了首演之夜需要穿得正式一点儿，其他时间来百老汇没有着装要求。不过，虽然理论上讲你可以穿短裤和人字拖出现，但是我们不建议这么做，尤其是要考虑到百老汇剧院的空调通常会开到最低温度。”

一间位于华盛顿的“莎士比亚剧院”官网上写着:“我们没有官方着装要求。我们的老主顾在观看普通剧目时会穿商务休闲装，在首演之夜穿正装西服。不过，我们宁愿你穿牛仔裤和运动衫来，也不希望你因为过于担心衣着而不来。”

由此可见，服饰礼仪并非一成不变的严格教条，而是随着时代发展和大多数人习惯和风尚的改变而不断演变。现代剧场规则更多地体现了社会平民化的特点，在很多场合可以将传统标准作为参考，也可以根据当下氛围和自己的条件、偏好，灵活掌握。美国很多剧院在“观演须知”中会回应一些常见的问题，譬如，在演出过程中可以大笑吗？应该鼓掌吗？“须知”会建议观众表达真实感受就好。

戏剧中，我自己比较喜欢歌剧。在国外任职期间有不少机会欣赏到高水平艺术家演绎的剧目，在剧场衣着方面也有些近距离的观察和领悟。晚礼服级别的盛装场合仍然有，不过多是结合歌剧节的开幕活动。例如平日，在伦敦皇家歌剧院，大部分人的穿着是参加酒会的标准：男士穿商务正装或者商务休闲装，女士多穿过膝裙装。服装档次虽然存在差别，有的精致一些，有的普通一些，但是最重要的是整洁、穿“对”，而不是刻意追求什么。也会有个别年轻女士穿着未过膝的短裙来看歌剧，不过当地人很少这样穿着进歌剧院，更不会有人穿牛仔或者运动装进歌剧院。

U.S.
美国观众

UK.
英国观众

音乐剧剧场的着装要求相对宽松些。伦敦西区剧院常年上演经典音乐剧（Musical），比如《猫》《狮子王》《悲惨世界》《歌剧魅影》，同一剧目连演数十年，有日场和晚场，几乎日日无休。前来观看的主要是各国游客，羽绒服、牛仔裤、运动鞋这样的休闲装就在所难免了。

每年夏天在皇家阿尔伯特音乐厅（Royal Albert Hall）举办的“逍遥音乐节”（BBC Proms），创立至今已经有120多年历史。这个音乐会真的很逍遥，剧场中间的池座椅子都被搬空了，腾出很大空间，人们可以买一张6英镑的“站票”，进到这个区域，可站、可坐、可随意走动。在站票区出席音乐节，穿一件材质较好的T恤或者休闲衬衫都是恰当的。不过，本地人还是很少会穿牛仔裤或者短裤来听音乐会，尤其坐在后面普通座位上的观众，衣着依然比较规整。

我自己观看演出会选择适合酒会规格的服饰。有时，下午有谈公务的安排，穿西装套裙，正赶上晚上要去剧院，怎么办呢？我会配一条亮色丝巾，穿一双细跟鞋，或者选一件柔软面料的连衣裙，适合晚上久坐看戏，可以配一条项链，白天工作时戴一条深色围巾。围巾使用得当不仅是装饰，还可以巧妙地转换风格。

观众恰当的着装是对表演者的一种尊重。我自己没有舞台体验，但是在发表演讲时，也是要站在台上面对听众的。若听众衣着整齐，坐姿端正，态度认真，会让我体会到自己与他们处在同一个场景中的严肃感，从而比较容易进入状态。如果听众着装随意，坐得松松散散，眼光游离，我会因为难以抓住他们的注意力而感到困惑。这个感受应该同样适用于剧院的表演者，相应的专注度和着装情况体现了对等的态度，是交流的基础。

乡村歌剧节

无论是逍遥音乐节，还是皇家赛马会（Royal Ascot）、国庆日阅兵（Trooping the Colour）、温布尔登网球公开赛（Wimbledon）、大学赛艇对抗赛（The Boat Race）等等，都是伦敦社交季（The Season）的重要项目。

所谓“伦敦社交季”的概念起源于18世纪，每年4月到7月王室家族会到伦敦近郊居住，贵族们随之而往。各式社交活动轮番上演，十七八岁的少女在社交圈崭露头角，马不停蹄地周旋于宴会和舞会，以期挑选一位如意夫婿。[1]简·奥斯汀将此喻为“婚姻市场”并不为过。20世纪中叶以后，随着社会日趋平等，年轻人更加独立，社交季被赋予公众娱乐的功能，一些传统文化项目被保留下来，各式现代艺术活动纳入其中，使之更加丰富，成为伦敦吸引国际游客的热闹季节。

在我观看歌剧的经历中，有一次独特体验，也是传统社交季的项目之一——格林德伯恩歌剧节（The Glyndebourne Festival Opera）。

请柬上的着装要求是黑领结礼服，演出地点位于东苏塞克斯郡（East Sussex）的农庄，车程距离伦敦一个多小时。我有些犹豫，咨询一位英国朋友，他说一定要去，这不仅是歌剧爱好者不应错过的

1 John Debrett. Debrett' s Handbook: British Style Correct Form Modern Manners[M]. Debrett' s Limited, 2014：429.

出席着装要求为黑领结礼服的格林德伯恩歌剧节穿的无袖晚礼服

年度盛事，也是外交使节交谈和交友的好机会。

我穿了一条灰色无袖晚装长裙，一双高跟鞋，备了一条深灰色羊绒披肩。

傍晚抵达时，眼前是一派典型的英格兰乡间图景：起伏的绿色丘陵，夕阳斜照；团团簇簇的树木丰富了色彩的层次感，弥补了草地平铺直叙的单调；围栏后面迟钝的花牛和奔跑的羊群，点缀着开阔的田园；身后矗立着一座古朴厚重的庄园剧院……“英国的灵魂在乡村”，此言不虚。不过，下车后脚下是一条鹅卵石子铺的路。这一天我按照穿晚装的习惯为长裙搭高跟鞋，显然是个错误选择，后悔没有先了解清楚。此刻我不得不踮起脚尖、提着裙摆向前走，步履蹒跚的样子说不上是优雅，走出这条路时，鞋跟已经惨不忍睹。

庄园近前的草坪上正在举行露天酒会，穿着礼服的宾客，或坐在长椅上，或站在树下，三三两两交谈。我从侍者手中接过一杯冰镇香槟酒，倚着围栏，舒口气，从这里观赏牛羊慢悠悠地踱步、吃草，听它们此起彼伏的“哞哞”和“咩咩”叫声，的确是一幅反差强烈的有趣场景。有朋友聚拢过来，大家闲聊今天的剧目和近日的时政要情。我心中思忖，这个场合最好是穿一双登山鞋搭晚礼服，就如同牧场中的歌剧院一样，可以最好地体现错搭之美。

这座乡村别墅原是一个贵族府邸，已经有七百多年历史。20世纪20年代，约翰·克里斯蒂（John Christie）买下这座庄园，为他的夫人女高音歌唱家奥黛丽·迈尔德梅（Audrey Mildmay）将古建筑改造成了小型歌剧院，于1934年举办了第一届格林德伯恩歌剧节，深受欢迎。现在这个节日延续了近一个世纪，由专业机构运营，以演绎莫扎特、乔治·格什温、亨德尔的歌剧作品为主，成为世界上最负盛名的音乐节之一。

记得晚上的剧目是莫扎特的《科西范图蒂》（*Cosìfan tutte*），这部诙谐的歌剧把莫扎特的精灵古怪体现得淋漓尽致。乡村歌剧演出的特色之一是幕间休息长达90分钟，是为了在花园中提供晚餐。英国夏天日落很迟，即便到了晚上九点仍然有黄昏的天光。这段时间不仅为观众提供了充裕的餐饮和社交机会，也可以让演员充分休息、场工顺利换景。

我在澳大利亚任大使的三年间，观察下来，人们在服饰方面较为随意，没有那么多规矩，但是在剧场的着装是相当认真的。一次，有朋友邀请我观看四年一度在阿德莱德（Adelaide）上演的系列歌剧《尼伯龙根的指环》（*Der Ring Des Nibelungen*），这是德国作曲家瓦格纳历时二十六年创作的鸿篇巨制，演出总时长十六个小时，连续上演四天。我当时在阿德莱德访问，只停留两个晚上，问朋友这两天的演出是否精彩，他说每一天都很精彩，他是对的。这部歌剧唱段优美，剧情被编导用后现代手法表现出来，男女演员都穿着轮滑鞋上场，宏大的叙事和华彩的乐章，加上奇丽的舞台效果，非常吸引人。难怪世界各地有那么多人早早就预订这个难得的长版演出。

那天到场的观众穿得相当正式，男士着黑领结礼服，女士长裙及脚踝，这在澳大利亚是不多见的。这次体验让我理解了，为什么一场经典演出需要观众的相应配合才能共同烘托出那种难以名状的仪式感，让台下观众与台上艺术家融为一体，共同沉浸在优美的艺术表现之中。

在英国和澳大利亚，经典演出总是一票难求，需要早早预订。剧院比较好的座位常以套票形式出售，包含开场之前的剧场晚餐和

出席歌剧节开幕式穿的是相当于酒会的服饰

葡萄酒，甜点和香槟酒会在幕间休息时提供。几乎所有剧院都有演出前和幕间休息时的餐食和酒水服务，买票时多花几英镑就可以一同预订。

在剧院观看演出的礼仪

接下来，说说观看演出的一些规则细节吧。

提前抵达和及时落座

一定不要迟到。大多数舞台表演开场时间是19:00或者19:30，也会有14:30的场次。应该确保自己至少在开场前5~10分钟落座和安顿下来，那么，算上检票、入场、存包、寻找座位的时间，需要在演出开场前15~20分钟抵达剧院门口。有的剧院可能会对提前到场有具体和特殊的要求，这在请柬或者戏票上会有说明。我一般提前20分钟到。

有时你邀请朋友看演出，自己很守时，而朋友偏偏迟到了，票子又都在自己手里，怎么办？现在电子票日益普及，最好提前发到对方手机上，或者把票留在类似“接待处”的地方，告知对方自取，很多剧院都会提供这项服务。不过，迟到的理由无论多么充分，下次再得到邀请的可能性就不会很大了。

如果自己的座位比较靠里，如何礼貌地通过其他已经落座的观众呢？最好先确认位置在哪里，然后尽快地通过已经落座的观众，这时候，动作不宜过大。通过时，应该面朝他人还是背对他们呢？

我选择面向舞台，狭窄的空间里这样似乎更便于通行。一位谙熟剧院规则的朋友说这样是对的，可以避免走不稳时一个趔趄扑到别人身上。然而，《德布雷特手册》的提示却相反："应该面对已经落座的人，避免将后背朝向他们。"看起来，这要根据现场情况自己判断了。

从别人座位前走过的时候，如果手里拎着包，要尽量把包举过别人头顶，边走边讲几句客气话，"劳驾"和"谢谢"总是适宜的。落座后，也别忘了将衣物和包放在不碍事的地方，给后来者让出通道。

有时，前排有空座位，工作人员会引导后排观众往前移。但是，切勿自作主张地更换座位。

迟到的观众只能在乐章结束时入场，通常门口电子屏上会显示需要等待的时间。伦敦皇家歌剧院这样的传统剧院在入场时间方面的要求相当严苛，哪怕迟到一分钟也会被谢绝入场，票面上有相应提示。

这种做法看起来有点儿不近人情，但是从保护其他观众不受干扰的角度看是必要的，如果你自己坐在那里看演出，也不希望被走来走去的人影响。另外，有些剧目中演员会经过观众席走上舞台，比如音乐剧《猫》中就有这样的环节，如果有人在开演后入场，可能会与演员发生碰撞。还有些剧目需要投影，如果迟到者刚好经过投影的光柱，形象就要被投射到舞台上供全场观看了。

总之，"不迟到"在剧场规则中排第一位。

关闭手机

无论是在国内还是国外，手机的干扰成为剧场一大难题。当下的人似乎片刻离不开手机，剧场灯光暗下来后经常会有手机闪亮。

有人会问：看演出一定要关机吗？是的。

即便将手机调至振动模式，信息或者来电的嗡鸣声仍然会影响你左右的观众。而且，如果不关闭手机，你难免惦记天下事，时不时想拿出来看一眼。要知道，手机即使在静音状态，屏幕的光亮也会给其他观众带来干扰。有人罔顾规则，逢精彩段落就拿出手机一通拍照录像。对这样的观众，剧院的工作人员会上前用手势制止，或者用激光笔提示，一般人都能理解并放下手机。遇到仍继续拍照的观众，工作人员会在中场休息时近前提示。这既是为了避免影响其他观众看演出，也是为了维护艺术家的权益。其实，既然买了票大老远地来到剧场，要在这里度过几个小时的时光，何不踏踏实实地欣赏剧目呢?

如果自己受到了别人的干扰，似乎也不必急于充当秩序维护者，甚至产生争执，因为这只会给更多人带来干扰。在演出过程中，这些问题还是交给工作人员处理吧。

若确实面临紧急状况需要接打电话，可以找一个合适的时机安静离场。

管理小孩子

父母希望孩子从小受到艺术的熏陶，但是，并非所有演出都适合小孩子。年幼的孩子难以长时间坐在黑暗里，也未必能够欣赏戏剧中的复杂人物、缓慢情节和交响乐的深刻内涵，有时甚至会对一些角色的妆容和强烈的声效感到恐惧。目前根据业内不成文的规定，一般商业演出不适合1.2米以下儿童观看。有的剧院会提示某个年龄以上的孩子才可以入场，更多时候需要父母自行判断和把握。许多艺术团体和剧院有儿童节目专场，供小朋友们观看。

我有一次在北京应澳大利亚驻华大使之邀，观赏悉尼交响乐团访华演出。坐在我和大使前排的一位母亲带着的孩子一直在座位上闹，对欣赏音乐会的干扰可想而知。儿童教育不仅需要关心孩子学到了什么知识，培养孩子在公共场合遵守礼仪的习惯同样重要。在高铁和飞机上也存在如何自我约束、防止干扰他人的问题。不仅是孩子，成年人更需要在公共场合保持肃静和尊重他人。

保持专注

如一位朋友形容："聆听古典音乐是灵魂与灵魂的交流。"当观众能够安静地欣赏一场交响乐音乐会时，场内千余人可以像是凝固了、消失了，没有声音，没有多余动作，偶尔冒出一声轻轻的咳嗽也听得出是在极力克制。我对交响乐懂的不多，但是沉浸在那样一个氛围里，可以让白天高度紧张的情绪在音乐里得到舒缓，确实是一种比较好的休息。当神经松弛下来时，有些曾经苦思冥想而无果的难题会在灵光一现中找到答案。

观赏剧目时需要观众们共同塑造一个安静的环境

剧院设计最重要的是声音传递，尽可能让坐在任何角落的人都能完美地体验到舞台所呈现的形象和声音。而实现这样的效果，需要每一个观众通过遵守礼仪和规则来给予配合和支持。有一次伦敦皇家歌剧院上演《卡门》，票子早早告罄。一位住在剧院附近的朋友排队买到三楼的票，知道我期待已久却没有订到票，就让给了我。三楼的座位距离天花板近，距离地面远，远处的舞台显得很小，像在看一台9英寸电视。然而，歌唱家的声音清晰悦耳，不仅扮演卡门的女高音圆润的歌声令人震撼，女二号米卡埃拉的扮演者，中国女高音歌唱家张立萍轻柔甜美的嗓音同样动人。我虽然感觉像是坐在悬崖上，但是丝毫不影响欣赏这场高水平的艺术盛宴。这是因为全场观众保持专注和安静，构成了如此完美的观赏环境。

在国内，各种剧院场所的条件和演出水平已经达到国际上的高水准，有些在硬件上可谓超群。观众的礼仪意识也相当好，不仅中国戏剧有广泛受众，古典歌剧、舞剧乃至现代音乐剧也培养起特定的受众群体。剧场对基本规则的掌握已经相当严格，例如，迟到的观众不能随意进出，而是要等在门外，剧目间歇才能进去找自己的座位。

剧场规则是为听众制定的，观剧人必然是喜欢、为欣赏而来。因此，保持专注和安静既是规则的要求，也是大家对环境的共同需求。

适时鼓掌

看演出，观众对演员表达感谢的最重要方式是鼓掌，这也是演出人员付出巨大努力后，收获的时刻。在剧院观看歌剧、古典音乐会和芭蕾舞时，鼓掌的通行原则是这样的。[1]

- 指挥和演奏者登台时鼓掌（包括初次登台、幕间休息后再次登台）。
- 每一幕（每一个曲目）结束时鼓掌。
- 表演精彩处（独奏、独舞或者歌剧中的咏叹调）亦可报以鼓掌和喝彩。我注意到，各国剧场喝彩都用意大利语的“Bravo”（棒

1 John Debrett. Debrett’s Handbook: British Style Correct Form Modern Manners[M]. Debrett’s Limited, 2014：417.

极了）。不过在幕间呼哨和要求返场是禁止的，这是剧院与摇滚演唱会不同的地方。

· 演出谢幕时鼓掌。谢幕时，通常观众需要起立，尤其对出色的演出，要报以长时间的掌声，向所有演员和演奏者致敬、致谢。如果是音乐会，观众也可以在谢幕时通过一而再、再而三的掌声（甚至呼哨），请求音乐家返场。谢幕时是可以呼哨的，要求返场也可以喊“Encore！”（再来一个）。

有一次我在天桥艺术中心看法国音乐剧《悲惨世界》，令我感动的不仅是这场演出的水平高，更是大群年轻观众的热情。演出结束谢幕时，掌声雷动，欢呼返场，许多观众还能跟唱剧中的段落。

关于在演出过程中何时鼓掌，歌剧（音乐剧）每一幕的结束比较容易辨识，而交响乐在演奏过程中常有乐章之间的停顿，像是人的喘息，此时是不能鼓掌的。到哪里才是曲目的结束呢？这是人们常有的疑问。有音乐知识的人可以提前做功课，对曲目和旋律有个大致了解，在现场也可以参考节目单。而对于不那么熟悉音乐的人来说，一个简单的辨识方法是，每一个曲目结束时，指挥转身向观众鞠躬致谢，此刻鼓掌不会有错。

指挥是个重要的角色，既是乐队的指挥，也是观众的指挥。比如，当音乐家陆续登台时观众会给以掌声，待乐队成员全部就位，指挥将手抬起来——这意味着演出即将开始，也意味着观众应该停止鼓掌，安静下来。所以，作为观众，即使没有太多经验，只要注意乐队的指挥，领会他的意图，就不容易出错。

不过，原则再清晰，实践中依然存在困惑。

有一次我参加代表团访问波兰，晚宴之前有一场小型室内肖邦钢琴曲独奏音乐会，演奏者是波兰一位优秀的年轻钢琴家。听众只有代表团的二十多人，节目单显示有五首乐曲。钢琴家演奏得非常好，我们也听得如醉如痴，但是大家始终没有鼓掌，因为谁都拿不准是否应该鼓掌。有时一个曲目完成时，钢琴家刻意把动作放得很大，我暗自思忖，这里是不是可以鼓掌了？可是因为没有人领掌，还是不敢贸然行动。直到演奏结束，钢琴家站起身来鞠躬，我们才怀着感激、欣赏和稍微歉疚的心情，报以长久而热烈的掌声。

观看中国传统戏曲演出，有独特的鼓励方式和规范，可以称为“叫好儿”。在中国看戏，无论是京剧还是地方戏曲，都讲究“叫好儿”，演员亮相时要叫好儿，唱得精彩处要叫好儿。不过也不能“叫腰上”，比如，演员的情绪和唱腔的连贯性很重要，如果下一句正准备拔高儿或者放大腔儿，或者角儿的好腔儿还没唱完，这些地方是不能叫好儿的。当然，“叫好儿”也不是越多越好，懂戏的观众知道在哪里叫好儿才能恰到好处地烘托氛围，不懂的人跟着领叫的就好。

避免提前离场

既然预订了剧场的票就是准备付出时间来欣赏一场演出的，没有特殊情况最好不要提前离场。因此，在决定前往剧院前需要对自己的耐心和兴趣做出合理评估，不必勉强去。一旦决定去了，最好看完再走，实在有事情也要等到幕间再离场。

写了很多观看演出过程中的“要”和“不要”，归根结底，剧院礼仪规范的目的是维护一个让大家都能欣赏和享受艺术表演的良好环境。

中国自身的戏剧文化历史悠久，得到大量戏迷的追捧，从茶馆到长安剧场和天桥剧场，吸引着大量观众和游客。我在北京也会邀请外国客人喝茶、听戏曲唱段，或者看中国的戏剧，直观感受中国文化，其间也会提示他们一些细小的、我们视之为常识而他们全然无意识的礼节，他们都很愿意了解中国的规矩和礼仪。中国引入西方剧场模式是19世纪后半叶的事情。北京长安街南侧的国家大剧院建于2007年，自此有更多优秀的国际艺术团体为中国观众献上世界知名的剧目和精彩的演出。

在国际交往中，礼仪是无处不在的润滑剂，当然，交往的目的还是在于思想和信息的交流。文化形式着眼于表现人的情感，好的文化作品拥有直达人心的震撼力量。我与一位德国驻华大使相互合作解决过不少棘手问题，但是我们之间的争论也很多，他对中国国情和中国人的一些观念持不认可甚至批评的态度。一次我邀请他和夫人观看人艺的话剧《四世同堂》，提前提供了剧情介绍，他们饶有兴趣地应邀而来。我自己为他们做现场耳语翻译，请剧院方在座位安排上给予照顾，以免影响到他人。人艺的表演太好了，大使夫妇借助我时断时续的翻译，不仅能跟上剧情，而且看得如醉如痴。闭幕时他们激动地站起来为演员们热烈鼓掌，之后大使充满感慨地对我说，终于明白了为什么中国人常说，“有国才有家”。他们夫妇二人都对艺术家们的表演赞不绝口。

英国皇家阿尔伯特音乐厅是位于伦敦威斯敏斯特城区骑士桥的艺术地标

MY ETIQUETTE JOURNEY

第八章

马术与赛马礼仪——晨礼服和帽子秀

我在澳大利亚和英国任中国大使期间，每年都会收到观看马术、赛马等户外、乡间活动的邀请，其间的规则和礼仪比较独特，在这里做些分享。因为此类运动在中国比较少见，所以我先简单地介绍一下历史和由来。

马术与赛马运动的历史

法国博物学家布封（Georges Louis Leclerc de Buffon, 1707—1788）在《自然史》[1]中写道：“人类曾做到的最高贵的征服，就是征服了这豪迈而剽悍的动物——马。”2009年3月美国《科学》

1 [法]乔治 · 布封. 自然史[M]. 陈焕文，译. 南京：江苏人民出版社，2011: 3.

杂志介绍，英国两所大学的考古小组发现，人类对马最早的驯服可以追溯到5500年前的波泰文化（Botai Culture）[1]。马的速度和力量都超过了更早被驯化的牛和驴，而且，人与马之间常常会产生一种奇特的信任和眷恋感。

人类驭马大致可以分为三个阶段：第一阶段是用马驱动战车，虽然速度有所提高，但是受到地形的限制；第二阶段是人骑上了马，骑士靠双膝的劲道骑在光滑的马背上，力求合为一体，但是总会存在落马的危险；第三阶段是配备了马鞍和马镫，人可以下肢驾驭，上肢战斗，成就了最完美的组合。驭马的每一次进步都对人类社会和文化产生革命性影响。[2]

在公元前7世纪的古代奥林匹克运动会上，已经出现马术比赛项目，最初是“四驾马车竞技”和“双驾马车竞技”，在随后数十年间，逐渐演变为骑手驾驭的运动形式。几乎在同一历史阶段——中国的春秋时期，赛马也成为诸侯贵族赌博取乐的竞技活动，家喻户晓的《田忌赛马》典出于此。到了罗马帝国的全盛时代，赛马活动更加频繁，包括驾车赛马、骑马竞赛和“罗马式赛马”——骑手跨立于奔跑中两匹马的背上。通过现有文字记载可以看到，那时赛马不仅有专职人员、专业赛道，还出现过关于比赛规则的争执、关于给马施用兴奋剂的诉讼、押马赌博以及观众骚乱等。

1174年，在伦敦史密斯菲尔德星期五的马市上，首次出现了比较正式的赛马活动。在1195年的一场赛程3英里（相当于4.83公里）的赛马比赛上，查理一世国王悬赏一袋金币奖励获胜者，这是

1 波泰位于哈萨克斯坦北部。

2 杜君立.历史的细节：马镫、轮子和机器如何重构中国与世界[M].上海：上海三联书店，2013：4.

世界上有证可考的第一次设立奖金的赛马比赛。

16世纪，英国建起世界上第一家现代赛马场，并培育出最适合竞速的纯血马种。16世纪末，女王伊丽莎白一世亲自骑马参赛，颁发奖品，支持建立专业马场以确保马匹资源。

在随后的几个世纪里，英国的马场数量持续增加，马术与赛马的制度也不断完善，渐渐形成现代马术与赛马产业。1900年，马术比赛正式进入奥运会，最初只设马术障碍赛一个项目，1912年扩大至三项，即场地障碍赛、盛装舞步和三日赛，延续至今。1952年，女骑师被允许参加奥运会马术比赛，马术也是奥运会中唯一一个男女同场竞技的项目。

最著名的“皇家骑士”当属英国女王伊丽莎白二世的女儿安妮公主，她曾经参加1976年第21届奥运会马术比赛，21岁时便获得欧洲马术锦标赛三项赛（国际三星级）个人冠军的殊荣。安妮公主的女儿扎拉·菲利普斯（Zara Phillips）是现役英国马术三项队成员，曾经在2006年斩获德国亚琛世界马术锦标赛的冠军，并随英国马术代表队夺得2012年伦敦奥运会马术三项赛的亚军。

安妮公主酷爱体育运动，是奥运会的热情支持者。2008年4月6日的北京奥运会火炬传递虽然在活动过程中受到冲击，她作为国际奥委会英国委员，仍然来到火炬传递终点站——伦敦东部格林尼治的半岛广场，与我们一道见证了北京奥运火炬在伦敦站的完成仪式。安妮公主曾多次访华，2008年8月出席了北京奥运会，2009年9月24日出席了中国驻英国大使馆在伦敦举办的“新中国成立60周年国庆招待会”。2017年她访问北京时，出席在英国使馆举办的活动，我也参加了。见面时，她谈到英国在体育、教育和相关研究领域与中国合作的愿望。英方希望将世界顶级的马术专业教育和培训机制带到中国。确实，与马相关的体育运动在英国相当普及，每年夏天，在伦敦和各地举行的马术表演、赛马和马球等比赛都会吸引大量的观众。

阿斯科特皇家赛马会

赛马（Racing）注重的是速度，通常只有专业骑师才能驾驭和发挥出最佳水平。而马术（Equestrianism）的表演性比较强，注重骑手与马的配合和动作的优美协调，普通人经过一段时间的学习训练也可以成为业余骑手。

一个世纪以来，马术与赛马在英国成为大众普及性产业，普通民众为此付出的热情仅次于足球，诸多小说和传记都对此提供了佐证。在电影还没有进入大众生活的时候，人们结伴观看赛马，花些零钱下赌注，是颇为寻常的。

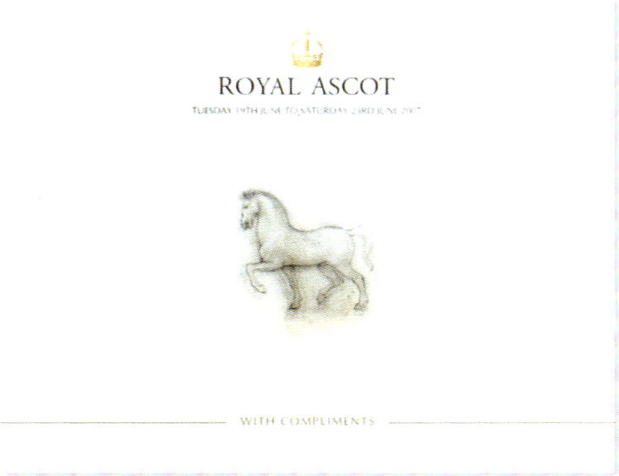

现在，这样的活动仍然深受公众欢迎，每年6月第3周，阿斯科特皇家赛马会（Royal Ascot）是伦敦“社交季”日历上最令人瞩目的盛事之一。为期5天的赛事，每天有6场比赛，聚集了全球顶级的赛马与骑手，吸引约30万名观赛者，其中不乏社会各界的知名人士，更多的是普通大众。所以，伦敦各大商场4月就开始出售各种争奇斗艳的帽子，到了赛马季前一两周就差不多卖光了。现在这些帽子大部分是在中国制造的。

阿斯科特皇家赛马会始于1711年。当时的英国女王安妮（Anne, Queen of Great Britain）在伦敦西部的伯克郡阿斯科特小镇发现了一片宽阔的绿地，认为此处是赛马的绝佳场所，便在那年7月12日通过《伦敦公报》发表声明，举办第一届阿斯科特赛马会（Her Majesty's Plate），并为获胜者提供奖金100基尼（英国旧时货币）。1807年，英国举办了第一届金杯赛，自此皇家赛马会有了较为完整的形态和清晰的规则，沿袭至今。为了纪念安妮女王的贡献，阿斯科特赛马会的开幕比赛被命名为安妮女王锦标赛（The Queen Anne Stakes）。

英国女王伊丽莎白二世是这项赛事忠实的参与者，鲜有缺席，2013年女王拥有的一匹马“埃斯提马特”（Estimate）夺得“金杯奖”，这也是该奖项有史以来首次被当朝君主赢得。这位4岁便拥有自己第一匹小马驹的女王，一生爱马，到了90岁高龄仍然喜欢骑马散心。

赛马在英国人的社交活动中地位举足轻重。我在英国任大使期间，会在时间许可的情况下每年有选择地应邀参加一两场马术和赛马活动。我观看过有中国国家马术队运动员华天参加的越野赛（Country Racing），还观看过有查尔斯王子在场的马球比赛（POLO），更多还是观看女王亲临的皇家赛马会。看赛马既是娱乐体验，也是深度了解这个国家的社会、文化和结交朋友的机会。毕竟，每场比赛只需要短短几分钟便决出了胜负，而赛次之间有40分钟左右间隔，供骑手与马匹磨合、投注者兑彩，也为观赛者提供了充分的社交时机。

在皇家赛马会上，似乎没有多少人会像在“香港赛马会”或者“日本中央竞马会”上那样，认真地埋首钻研“马经”。大部分人来到阿斯科特是为了和朋友聚会、享受草地野餐、听音乐、展示衣裙和帽子的。总之，社交第一，投注第二。

皇家赛马会的观众席位分为皇家观众席（Royal Enclosure）、安妮女王观众席（Queen Anne Enclosure）、乡村观众席（Village Enclosure）和温莎观众席（Windsor Enclosure）。不同的区域有不同的门票价格，也有不同的着装标准和餐饮服务规格。

皇家观众席位于拥有2~4层室内看台的区域，距离终点线最近，只对会员开放，凭请柬进入。没有会员身份的客人可以由资深会员引荐，向英国皇家赛马会提出申请。这个区域的着装要求相对严格一些，体现了传统礼仪。例如，男士须着晨礼服（Morning Suit）、佩戴高顶礼帽（Top Hat）。晨礼服可以理解为白天穿的燕尾服，是参加日间活动（18:00之前）最高规格的正式礼服。《德布雷特手册》在介绍晨礼服的穿着场合时，除了婚礼、重要庆典、有女王出席的官方活动之外，特意提到了“阿斯科特皇家赛马会的皇家观众席”。因此晨礼服又有“赛马礼服”之称。

与黑领结礼服和白领结礼服的定义相似，“晨礼服”不是仅指一件衣服，而是指包括外套、马甲、领带、裤子、鞋袜在内的一整套服装和相关的规范。晨礼服外套（Morning Coat）颜色须是黑色或者灰色，穿马甲，戴领带，裤子是条纹或者格子图案，搭配黑色皮鞋。着晨礼服须佩戴高顶礼帽，也是黑色或者灰色的经典款，不能有任何个性化修饰或者更改。在本书第十一章“男士礼仪服饰：得体最重要”中会有更详细的介绍。男士进入餐厅、私人包厢，或者在俱乐部的露台和花园时，需要摘下礼帽。由于高顶礼帽价值不菲，而且不好打理，许多人并不在家里存放，赛场有租赁处，提供出租礼帽的服务。如果男士着礼服而没有戴礼帽，即使手持邀请函也会被谢绝入内。

女士着装要求相当细致：及膝或者过膝裙子，裙子肩带不得窄于1英寸（约2.5厘米）；可以穿西服套装或者连体裤，裤长须达脚踝；须戴礼帽（无网眼），亦可佩戴底座直径至少4英寸（约10厘米）的帽饰[1]；不宜穿无肩装、单肩装、挂脖装、吊带装、露脐装等。总之，对女士的要求体现了一定的保守性传统，避免出现过度暴露的服饰。

赛马会的季节，在伦敦街头或者滑铁卢火车站时常能看到戴礼帽、着盛装行走的人，这些人都是匆匆赶往马场或者刚从马场回来的观众。人们会互相打趣儿，问是否玩得开心。

安妮女王观众席是普通观赛者可以购票进入的区域[2]，距离领奖台比较近。这里多为相当于中产阶级的大众阶层，着装标准略微宽松。男士不必拘泥于晨礼服和黑色鞋履，可以穿正式西装配同色西裤，搭配适当颜色的衬衫和领带，当然也不是必须这样，这只是主办方的“强烈建议”；同样，须穿袜子而且要盖住脚踝；禁止穿牛仔裤、斜纹裤和运动鞋。

在这个区域，女士在裙子和帽子方面有更为多元的选择，比如，裙长不必过膝，礼帽可以有网眼。但是其他几项要求的细节与皇家观众席是一致的。

说到着装要求，外国观赛者，无论男士女士，都可以选择穿民族服装。

安妮女王观众席有大片草地可以进行野餐，观赛者可以提前在官网上预订一种野餐篮子。竹篮的模样复古而又可爱，两人份定食有鸡肉、沙拉、奶酪、小食和甜品，还有一瓶香槟酒。由于英国人

1 帽饰流行于20世纪30年代，名为鸡尾酒帽（Cocktail Hat），以可见的底座和夸张的装饰为特征，极具设计感。进一步演进出来的头饰（Fascinator）更加简洁，以缎带、发卡，或者梳子、松紧带构成，其上附着羽毛、花朵、蝴蝶结等饰物。

2 2020年6月在官网（www.ascot.co.uk）提前预订2021年阿斯科特赛马会该区域入场券，票价为68~82英镑。

喜冷餐，又热爱阳光和草坪，因此野餐是随处可见的景致。

乡村观众席则是普通大众和年轻人的活动区域，票价低一点[1]，没有包厢和看台，有现场音乐演奏，一直开放到21:00。这里有各种酒吧和餐厅，人们可以在草坪上活动，有点儿像摇滚音乐节。这片区域没有明确的着装标准，男士穿夹克、有领衬衫和及踝长裤就好。同时，马场官方指南会贴心地提示：“考虑到阳光直晒和草地行走，建议女士戴宽檐帽子，穿坡跟鞋。”

温莎观众席票价最低[2]，相当于站席，位于赛马场入口，也就是赛马的起点位置，可以看到精彩画面。这里有炸鱼和薯条这类快餐，着装要求最为宽松，基本属于“开心就好”。

不过，据我观察，无论在哪个区域，哪怕坐在草坪上，无论是大人还是孩子来到这里，都是要穿出些许仪式感的，不会太随意。

赛马会上的“帽子秀”

我第一次应邀出席赛马会时，对服饰不太有把握。请柬标注的座位在皇家观众席，按照要求应该穿女士日间礼服，或者穿民族服装。我选择了民族服装，一件中式短袖旗袍，长度过膝，外搭一件风衣，以防雨后降温。佩戴一枚与旗袍颜色相近的头饰，这算是我的讨巧之举，因为那种羽毛装饰的夸张女士帽子不仅价格高昂，而

1 2020年6月在官网（www.ascot.co.uk）提前预订2021年阿斯科特赛马会该区域入场券，票价为61~66英镑。

2 2020年6月在官网（www.ascot.co.uk）提前预订2021年阿斯科特赛马会该区域入场券，票价为29~45英镑。

且不适合搭配旗袍，但是头上完全没有装饰在这种场合似乎也不大合时宜。根据约定俗成的通例，观看赛马时女士戴的帽子越奇葩越好。进入包间后，门口有一个架子，专供男士放礼帽用，而女士帽子可以始终不摘，包括进餐时。

不过午餐时，我对面的男士被夹在两位戴着大檐帽的女士中间，整个过程都在试图躲避被两边的大帽檐戳到，防不胜防，我们之间的谈话经常被打断。他无奈地冲着我笑笑，耸耸肩——难得的体验，我只好说：“Enjoy it.”（随遇而安吧。）

赛马节如果赶上大风天气，女士们就有点狼狈了。阿加莎·克里斯蒂在自传里写到她小时候去观看古德伍德马术节（Qatar Goodwood Festival）时一个有趣的细节："赛马的行话和术语我一窍不通。对我来说，赛马就意味着站在那里，戴着插满鲜花、极不听话的帽子，一有风吹来就要拉紧六个帽针……"[1]

自从中世纪以来，帽子就是英国女性日间正式着装不可或缺的一部分，直到"二战"以后"帽子文化"才变得没有那么严格，只在特殊场合得以保留，赛马会便是其中之一。在邀请函里对女士戴帽子有明确要求，尤其是比赛第三天，定为"金杯日"，是赛程最关键、最繁忙的一天。这一天又被称作"女士日"（Ladies' Day），是展示帽子的节日，女士们会选择最夸张、最惊艳的帽饰为自己增色，或复古或摩登，或华丽或怪诞，团团簇簇，大放异彩。这一天的一个重要节目就是评选出最佳帽子。

女性王室成员们佩戴的帽子仍以典雅端庄为特征。女王最常戴的硬朗帽型称为Boater Hat，可以翻译成水手帽，是源自19世纪欧洲水手的平顶平檐草帽。最初男士在夏天出席正式场合开始采用这种帽型，后来在女士中流行开来，只是女士的帽檐更大一些，常以花朵装饰，材质也更为多样。

伊丽莎白二世自登基以来，出席公众场合时戴过的帽子有5000顶之多，几乎从不重复，在60多年时间里，她以"小处多变化，大处不变化"的形象引领着英国帽子文化潮流。而猜测女王每年出席皇家赛马会时会戴什么颜色的帽子也是人们热衷讨论的话题，甚至有人为此下注。

1 [英]阿加莎·克里斯蒂. 阿加莎·克里斯蒂自传[M]. 王霖，译. 北京：新星出版社，2017: 177.

英国王室传记作家罗伯特·兰斯说，帽子对女王的意义不仅仅是佩饰："当女王戴着帽子时，她戴的是某种王冠的替代，帽子此时不仅仅是一个装饰，而是代表着一种威严。"

至于时尚人士和普通民众，在帽子上可以发挥的空间就更大了：可以看到五彩斑斓的花草蜂蝶，各色丝带珍珠羽毛构成的奇异造型，甚至蔬菜水果、车船模型、仿真动物、埃菲尔铁塔和大本钟……都可能出现在女士们头顶，让人叹为观止。在头上做巨大装饰的浮夸审美曾风靡于18—19世纪的欧洲，之后渐渐消失在历史中。赛马会给了人们一个复古和怀旧的机会。

帽子设计师史蒂芬·琼斯（Stephen Jones）对礼帽之于赛马的意义有独到解读："帽子就像蛋糕顶端的樱桃，充分满足人们的幻想，也把衣服变成真正的时装。"

2006年11月在澳大利亚弗莱明顿观看墨尔本杯赛马嘉年华时在遮阳帽上插了帽花

这是几个头饰的样例，都可以直接戴在头上，搭配相应的服装，颜色与服装整体颜色或者其中某些元素相呼应就好。图2、3、4适合出席赛马会等相对正式的场合，图1、5属于帽花，也可以别在遮阳帽上作为装饰。

1

2

3

4

5

马球小史

既然写到马术和赛马，就不能不提马球。

这项古老的运动起源于2000年前马其顿国王亚历山大大帝以及波斯国王大流士一世统治时期，是训练骑兵马背作战的科目。

中国关于马球的史料记载也有不少，其中最早的文字记载是曹植《名都篇》中所写的“连翩击鞠壤，巧捷惟万端”，[1] 说明早在汉魏时期，这项运动就已经出现在我国。及至唐代马球更为盛行，有出土壁画为证。马球在历史上不仅是男士的运动，同样风靡于女性中间。2018年G20峰会上，一幅宫廷补绣《唐女马球图》被作为国礼赠送给阿根廷总统马克里。这幅画作表现的是几名唐朝年间女子一人一骑挥杖击鞠的图景。

1 “击鞠”和“击壤”皆为古代竞技游戏，前者即为马球，游戏者骑在马上击球，球体为中空木质，外表面刻有花纹。

公元13世纪马球传入印度。19世纪中叶，英国种植园主在印度东北部的阿萨姆邦发现了这项运动，并将其带入英格兰。由此，阿萨姆邦南部城市锡尔杰尔（Silchar）成为现代马球的发源地，成立于1859年的锡尔杰尔马球俱乐部（Silchar Polo Club）也成为世界上最古老的马球俱乐部。现代马球比赛规则就是依据这个俱乐部当年的规则制定的。1876年，詹姆斯·戈登·本纳特将马球传入美国，又传到世界其他国家和地区，特别是英联邦各国。20世纪二三十年代是马球在美国的黄金时代。[1]

时至今日，马球运动不仅在欧美国家，在巴基斯坦、印度、孟加拉国等亚洲国家也很盛行。其中草地马球最为常规，沙地马球专属于中东地区，雪地马球算是草地马球的延伸，起源于1960年瑞士的圣莫里茨，主要流行于欧美国家。

在英国观看马球比赛时，着装要求与观看马术和赛马相近，或者可以略微简单一些。男士标准着装仍然是晨礼服，但是也可以选择剪裁精致的日装；女士可以选择裙装、套装，或者简洁而富有设计感的裤装。20世纪初，被称为法国时尚女王的可可·香奈儿将骑装女性化，运用到自己的设计风格中，使女士们也能像男士一样穿上既符合女性曲线又尽显英姿的马裤，由此掀起一轮新的女装时尚。她设计的第一款帽子和经典菱形马鞍包，都是受到马球元素的启发。

对于女士，观看马球时穿一双符合礼仪、与衣裙相配的鞋是必要的，但是要避免穿细高跟鞋，因为在马球比赛中，有一个传统环

1 中国马术协会. 世界马球运动历史 [EB/OL]. [2007-11-28].http://equestrian.sport.org.cn/Knowledge/polo/2007-11-28/147376.html.

节——踏场。之所以设置这个环节，是因为马球运动相当激烈：在长275米、宽183米的比赛场地中，8名球员乘马分成两队，手持球槌，追击一球，率先将球打入对方球门者得分。在一场比赛中，每匹马最多可参加两小节的比赛[1]，尽管时间很短，但奔跑强度之大，足以令人马大汗淋漓。在32只马蹄疾跑疾停的踩踏之下，地表的土都被掀翻掘起。因此，比赛中场哨声吹响之后，观众们需要走到赛场上，帮助将场地踩平，这算是一项观赛者义务，也给大家增加了许多参与感。

“外交赌马”

看赛马是要下注的，哪怕象征性地投一小注——算是给了自己一个坐在那里看比赛的理由和期待，否则会感到不知应把参与的热情投放在哪里。下注之前可参照一本马场官方手册（Race Card），里面有当日参赛马匹的名字、年龄、血统谱系及过往赛绩、骑手的技能与最近成绩、练马师的用兵手法等。买家还可以进入赛前观马场，近距离观看马匹的临战状态。

说来惭愧，作为内蒙古人，我在城市里长大，对马的习性知之甚少，尽管小册子中的资料很详尽，我仍然一头雾水，无从判断。于是，我决定看哪匹马长得好看就给哪匹马下注，有时也会问问旁人，跟着他们选。而真正有经验的人不仅要参考手册上的基本信息，还会根据天气和赛道情况预估外部形势，根据马的形体判断它的力

1　一场马球比赛共有8小节，每小节7分钟。节间休息3分钟，半场间休息5分钟。

9 FAYR JAG (IRE) (19) 8 9 4 (130)
10 MAGNUS (AUS) (4) 5 9 4 (130)
11 PRESTO SHINKO (IRE) (6) 5 9 4 (130)
12 QUITO (IRE) (16) 10 9 4 (130)
13 RED CLUBS (IRE) (23) 4 9 4 (130)
14 RISING SHADOW (IRE) (38) 6 9 4 (130)
15 SOLDIER'S TALE (USA) (16) 5 9 4 (130)
16 TAKEOVER TARGET (AUS) (4) 8 9 4 (130)
17 FIRENZE (23) 6 9 1 (127)
18 MISS ANDRETTI (AUS) (4) 6 9 1 (127)

英国阿斯科特皇家赛马会官方手册介绍了场地和赛事安排以及马匹和骑手的详细情况

量，观察它的情绪和气场。当然，骑手也非常重要，不仅需要了解他的过往，还要了解他与马匹当天关系怎么样，能否配合默契。从书中看到，比赛是通过骑手的平衡、缰绳的接触、腿和脚的辅助甚至心灵的感应去骑乘马匹，达到“人马合一”的最高境界。

单场比赛最低赌注是2英镑，常见投注方法有两种：一种叫独赢（Win），也就是猜哪匹马会成为冠军；另一种叫位置（Place），是指猜中哪一匹马会跑进前三名。我选择第一种，比较简单，我喜欢白马，投注从来没有收获，投过一匹枣红马，赢了，收益不大。在“独赢”和“位置”两种基本原则之上，又衍生出很多组合投注方式，需要猜中多场比赛的结果，才算赢。

我去参加这类活动还是以社交为目的，后来找到一个更简便的方法，不必动太多脑筋，那就是选择女王的马下注。女王拥有一百多匹赛马，分散在不同庄园里饲养，每年都会有几匹参加皇家赛马会。尽管深谙赛马之道的朋友告诉我，女王的马胜算不大，我还是义无反顾地下注，被英国朋友们笑称为“外交赌马”（Diplomatic Bet）。的确，下注多无结果，没关系，我下的是最低注，重在参与。

每场比赛结束后，都会在看台另一侧的展示圈（Parade Ring）举行颁奖仪式，颁奖者是王室成员或者知名人士。其中“金杯奖”得主，包括骑手和马主，由女王亲自颁奖。在2009年的皇家赛马会上，我应邀为一场比赛的第二名颁奖，而第一名的颁奖者是女王。这时我已经比较熟悉赛马的着装要求和环境，有为这类日间正式活动准备的服装和帽子。那天我穿的是一套淡蓝色中式短款旗袍和同色风衣，搭配了同色的帽饰。这是比较明智的颜色选择，蓝色可以让马安静。女王那天在看台上时，穿的是宝蓝色底粉色大花连衣裙，但是颁奖时，她套上了纯宝蓝色的风衣。

其实，那天让我发愁的不是其他，而是在公众场合与女王面对面时怎么办。在英国，根据礼仪，面见女王时女士行屈膝礼（Courtesy）、男士鞠躬已经不是必需的规则，但是许多人还保持着这个传统习惯。我们外交使节与王室打交道都采用握手和点头致敬的方式。在这样的场合，众目睽睽之下，我如何才能避免给大众留下失礼的印象呢？好在那天赛事上在第一名和第二名颁奖之间隔了一个节目，我没有当众与女王碰面。

2009在英国伯克郡举行的阿斯科特皇家赛马会上为第二名颁奖

MY ETIQUETTE

JOURNEY

第九章

运动场上的外交和礼仪

亲历“篮球外交”往事

2020年11月的一天，我应邀前往美国驻华大使馆，与那里的青年外交官们座谈。有鉴于中美紧张关系，年轻人的表情略显冷峻。我以很自然的方式回忆起自己与美国人的初次交往，讲起四十多年前亲历的一段中美大使馆之间的“篮球外交”往事，引发这些21世纪美国青年外交官们的阵阵欢笑，让座谈会的沉重话题有了轻松的切入口，也为之后更加严肃话题的讨论构建了一个平和、冷静的气氛。

1979年1月1日中国和美国建立了正式外交关系。当时我在中国驻罗马尼亚大使馆担任英语翻译。中美建交后，两国大使馆之间的交往也多了起来，我经常为使馆外交官与美国驻罗马尼亚大使馆的交往做翻译。一日两国武官交谈时，美国武官说到，他们使馆海军陆战队的小伙子们成立了一支篮球队，留意到中国使馆有不少年轻人，从墙外也能看到使馆院子里面有篮球架子，不知道是否有篮球队？能否搞个友谊赛？

武官把消息带回使馆，喜欢打篮球的年轻人们听了，都跃跃欲试。在此之前，他们只是自己打着玩儿，既然美国使馆发出了邀约，就必须“应战”呀。使馆的外交官、招待员、厨师们组成了一支篮球队，临阵磨枪地练习了一下，周末就与美国海军陆战队的球队打起了比赛。

论技术，对方显然技高一筹，每轮比赛的上半场都会遥遥领先，到了下半场，美国队会“适当放松”，中国队也能有很多漂亮的进球。我们的小伙子们劲头十足，长进很快，而且坚信下一场比赛还能表现得更好。

每逢打比赛这一天，中国使馆和美国使馆的一些外交官和家属会来观看，球场旁边摆了桌子，有水果、点心、饮料招待，可以算是一场小型的休闲酒会。这样一来，不仅场上的运动员彼此增进了交往，两国外交官也可以借着观赛之机，开启一种较为轻松的交流模式，超越了西装革履、中规中矩的会谈，有机会相互进一步结识和了解。

打比赛这一天也是我作为翻译最为忙碌的时刻。场下外交官彼此沟通需要我协助；场上，运动员之间也会有语言沟通的需求。我一会儿在场下当翻译，一会儿在场上当翻译。令人啼笑皆非的是，我们的年轻人有时候因为打不好，心里恼火，爆出一两句粗口，美国队员就会好奇地来问我：这句话是什么意思？后来即使不明其意，也跟着一起说。于是我们内部立了一项规矩：文明打球，禁止粗口。

为了帮助大家更好地交流，我在使馆开了英文课，教一些日常会话，大家学习积极性很高。

我注意到美国海军陆战队的人有英文小说，就借来看，读小说可以学到一些日常口语，对我的英语提高很有好处。篮球赛每两周组织一次，书必须在两周之内读完，下次打比赛时可以归还旧的，再借新的。不过他们的书大部分是西部牛仔之类的故事，不是街头斗殴，就是黑帮混战。一次我与美国武官夫人闲聊时谈到，美国社会太不安全了，动不动就开枪打人。她问我何以有如此印象，我说："是从美国小说里看来的。"武官夫人"责怪"那些小伙子："瞧瞧你们，给中国姑娘看了些什么书！"后来，美国使馆有外交官回国休假，带回来海明威、菲茨杰拉德的小说。

周末参加篮球"酒会"，美国使馆外交官穿的是商务休闲服装，我们使馆的外交官依然穿着西装和白衬衣，只是不打领带，权当商务休闲装的替代。回想起来，20世纪70—80年代，中国外交人员的物质条件是相当有限的。我作为翻译，在这种场合穿的往往是一件衬衣和一条长裤，为了便于跑上跑下，我穿的是运动球鞋。使馆给打篮球的运动员们统一购置了圆领T恤衫和运动短裤，看上去也是蛮精神的。

无论如何，那段"篮球外交"往事让我体会到，在运动场上推进外交关系，要比在会议桌上容易得多。

在罗马尼亚期间还有一件事，让我深深体会到体育运动与国家形象和人文交往的重要联系。那是1981年，中国女排的姑娘们来到布加勒斯特，参加第十一届夏季世界大学生运动会，郎平也在其中。当时的中国女排已经在国际上崭露头角。中国队与巴西队打决赛那天，使馆的同事们买了十几张门票，到现场给中国队加油助威。在此之前的一场比赛中，罗马尼亚队输给了来自拉美的另一支排球队。由于现场的绝大多数观众都是罗马尼亚人，全场一片唏嘘，唯有观众席高处一角传来胜利的呐喊——是巴西女排队员在为她们的拉美伙伴欢呼。于是，轮到巴西队与中国队比赛时，罗马尼亚观众全部倒向中国队，一致为中国队加油。我们这十几个中国人自然是喊得最起劲的。

当时我真替中国姑娘们捏把汗！她们个个身材高挑，像柔软的柳条，而巴西队运动员个个都像敦实的橡胶，弹跳和击球充满力量。比分一直咬得很紧，中国队一会儿领先，一会儿落后，终于在艰难中获胜。我们的喊声不曾间断，比赛结束了，嗓子也彻底哑了，大家都说不出话来。

离场时，罗马尼亚人拥过来向我们这十几个中国人祝贺，不断热情地拥抱我们每个人，用罗马尼亚语讲着各种赞美的话，我被素不相识的人抱得晕头转向。这也算是运动场上特殊友谊的一个难得体验。由此我也成了中国女排的“铁粉”，多年来无论她们在哪里打比赛，我都会守在电视机前为她们喝彩。

学习打乒乓球建立起的规范习惯

我喜欢体育运动，学习过打乒乓球、羽毛球，后来学习了打网球、高尔夫球，而且比较注重姿势的规范，这和小学期间学习打乒乓球的经历有关。

20世纪60年代，中国乒乓球队在第二十六届世界乒乓球锦标赛上取得了振奋人心的佳绩，推动了全国乒乓球运动的蓬勃发展，更是在数以千万计的青少年中掀起了“乒乓球热”。[1]那时候的中小学生，几乎每个人的书包里都带着一只乒乓球拍，学校在班级教室的门前用砖头和水泥砌了乒乓球台，虽然简陋，颇受欢迎。课间10分钟休息时间，同学们排队轮流打球，为了轮得快一些，每人只能打一个球，赢的留下来继续打，输的就换给下一个人。轮到我时，总是打一个球就败下阵来，很羡慕那些打得好能够“霸台子”的同学。

学校新来了一位蒙古族的体育老师，不太会讲汉语，与同学们沟通比较困难。我从小会讲一些蒙语，常给不会汉语的奶奶当翻译，所以很理解他的处境，主动帮他与同学沟通，他对我印象很好。有一天他问我喜欢什么体育运动，我说喜欢打乒乓球，可是打不好。他让我星期天下午带上自己的拍子来学校，他单独给我上课。

那个周末，在这位体育老师的辅导下，我一直学到天黑，开了窍。他教我发球、正手攻球、反手推挡，打得像模像样。老师说，无论什么体育运动，都有规范的动作，学会了成绩才能上来。我在体育老师的启蒙之下，球技突飞猛进，更重要的是，我认识到体育运动的学习必须尊重规律、遵守规则。在后来的日子里，我有过不少进一步提高球技的机会，成为比较好的业余乒乓球手。

在留学英国期间，这身球技让我交到不少朋友。那时无论旅行，还是去其他学校参加联谊和研讨会，我都随身带着球拍。乒乓球在英国不算一项很普及的运动，但是学生们旅行住宿的青年旅社常常会有一张乒乓球台。晚饭后学生们喜欢凑在一起打球和看球，这让我有机会与来自各国的大学生切磋球技，一轮轮淘汰下来，我总能

1 1961年4月，第二十六届世界乒乓球锦标赛在北京举行。中国队夺得男子团体冠军，并囊括男子单打前三名和女子单打冠军。从此，中国乒乓球发展走在了世界乒坛前列。

留到最后。

有一次，我在利兹大学参加一个大学生国际研讨会，有位美国学生向我发起挑战。他的确打得不错，尤其擅长“削球”，而我打的是“直拍”快攻球，不善于应对那种软绵绵的旋转球，输给了他。他与我握手，我们聊了起来。他知道每个中国人都会打乒乓球，很高兴能有机会跟中国人打球。他在家乡时参加了街区的一个乒乓球俱乐部，不过，那里的人都用“横拍”，他只会削球这一种打法，希望向我学习其他打法。我们还谈到中国和刚刚开始的改革开放，他希望有一天能亲眼看到中国是什么样子。

打乒乓球是伴随我一生的体育运动

英国郊外的“网球周末”

乒乓球的英文直译是“桌上网球”（Table-Tennis）。1992年我在金边参加联合国维和行动时有机会学习打网球。

我的网球教练是柬埔寨国家网球队退役下来的专业运动员。这个国家经历了多年的战乱，当和平时期到来的时候，这些曾经的网球高手都已经年纪不小了，不可能重回赛场。给维和人员上网球课，每小时收费6美元，可以被视为他们的和平红利。这些教练认真负责，尤其对女士，首先要求姿势一定要标准，每到课点，我的教练的电话会如期而至。金边旱季气温常常在35°C以上，有时高达40°C，两个小时的训练时间，不到结束我就已经精疲力竭，而教练会说：

1997年在雅加达打网球时的装束

“再打六个球。”当我打完他发出的六个球时，他手里又“变”出六个。教练收了学费，就一定要我打足时间，希望我成为好的球手。功夫不负有心人，数月勤学苦练，皮肤晒得黝黑，我的球技和耐力都得到提升。在后来的外交生涯中，网球也成为交友的好方式。

英国人大多在学校学过打网球，大致像中国的乒乓球一样普及，不少人一生痴迷网球，所以，我在英国任大使期间，与人谈网球和打网球是外交交往中经常遇到的。有时应邀前往朋友的郊外庄园度周末，上午抵达，大家一起聊聊天，共进午餐，稍事休息，下午的主要活动便是打网球。一场网球赛之后再坐下来交谈，彼此的关系已经松弛和亲近了很多，话题也更加丰富和深入。

在这样的场合，我会有比较充分的时间，给英国人讲述中国和中国人的故事，讲述过去的贫困和现在的发展，昔日的经历和今天的成就，以此来对冲他们许多人长久以来对中国的成见。听完我的讲述，他们总是建议我把这些故事写下来，因为人们需要了解真正的中国和中国人。

在服饰方面，打网球时需要穿运动服装和网球鞋，女士可以穿网球套裙或者短裤。出席这样的场合，重要的是仔细阅读请柬，必要时打电话了解好各个时段的活动安排。例如，在庄园喝茶时，我会穿一条麻质连衣裙，或者一件宽松款的中式上衣和宽口长裤，既端庄，又适合乡间环境，也能让自己坐得舒服一点。如果是在草坪上的活动，就穿一双平跟鞋。另外，带好其他活动需要更换的衣服。

英国的天气很难预料，我有一个经验，就是衣服要多搭几层，热了可以脱掉外衣，冷了随时添加衣服，围巾也是不可或缺的装饰和保暖必需品。

观看国际网球比赛是一项常见的外交活动。我在澳大利亚和英国都曾应邀观看“澳网”[1]和“温网”[2]比赛，尤其是有中国运动员参赛的时候，我一定要到场加油。

观看网球比赛或者观看足球比赛的服饰，以干净整洁为原则。没有太严格的要求，秋冬季节可以穿厚外套甚至羽绒服。“温网”对运动员始终保持着一项传统的着装规定——必须穿纯白色网球服——而四大满贯赛事中的另外三项比赛（澳网、法网、美网）就没有这样的限制，运动员可以穿得五彩斑斓。前来观看“温网”比赛的观众在服装颜色的选择上比较克制，单色较为普遍。如果是应某个网球俱乐部之邀前往观赛，请柬上会注明相应的着装要求，一般是“商务休闲装”，观赛期间可能有酒会或者午宴的安排。

通往温布尔登网球中心的走廊上，有两行英国诗人吉卜林的诗句：“坦然面对胜利和失败，并将这两种现象等同视之。”（If you can meet with triumph and disaster and treat those two impostors just the same.）这句话恰如其分地点出运动之外的意义。运动者既要本着“赢”的心态去拼搏，要意识到“赢”不是唯一目的，更重要的是人与人的交往和互相学习，以及不断修炼严于律己、宽以待人的胸怀。

1 澳大利亚网球公开赛（Australian Open），简称“澳网”，是网球四大满贯赛事之一。比赛通常于每年1月的最后两周在澳大利亚维多利亚州的墨尔本体育公园举行。

2 温布尔登网球锦标赛（Wimbledon Championships），简称“温网”，创立于1877年，是网球四大满贯赛事之一，也是历史最悠久、最具声望的世界性网球公开赛事，每年6月底到7月初在伦敦西南部小镇温布尔登举办。

学打高尔夫球，初衷是为外交

可以说，我学会的所有体育运动，都在外交交往中起到比较好的润滑和助力作用。让我在参与体育运动的过程中有效开展外交工作的还有高尔夫球。

1991年7月，中国开启了与东盟对话的进程。我当时在外交部亚洲司担任综合处处长，职责包括周边的多边外交工作，经常随团参加东盟各类会议。东盟国家高官流行打高尔夫球，无论是外长会议还是高官会议，正式开幕前的一天是约定的“高尔夫球运动日”。各国代表团成员一起打球，在球场会所吃饭，最后在酒吧聚会，大家在一个相对宽松的环境里，围绕会议焦点问题交换意见，分享看法。而当时中国代表团没有人会打高尔夫球，等我们与东盟各国代表见面时，不少重大议题的讨论基本尘埃落定，我们对许多国家的基本立场缺乏了解，就显得有点儿被动。

时任中国外长钱其琛是中国代表团团长。他知道我喜欢体育运动，就问我，为什么不去参加打球聚会？然而，我从来没有摸过高尔夫球杆，完全不懂，下不了球场[1]。不过，我会争取参加各国代表打球之后在酒吧的闲聊，喝杯啤酒，听听讨论，了解一下大家的关切是什么，对一些问题的解决方案有何期待，也可以表达一下中方的考虑。

1 大多数球场要求，打高尔夫球的“差点”（球手杆数与标准杆数的差值）达到36杆以内才能下场。

外交的核心任务是解决问题，好的外交结果是双赢，即彼此都大致满意，如果有一方很不满意，问题是难以解决的，勉强解决也会有后遗症。因此，对对方关切的透彻了解是寻找解决问题出路的关键。当然，让对方了解自己的关切也同等重要，可以提前沟通，避免不必要的碰撞。所谓“知己知彼，百战不殆”用到外交上也讲得通。在正式外交场合上就某个重大问题交换意见时，各方都会谨守原则立场，很难在现场相互妥协、解决分歧。而在球场或者酒吧等不那么正式的场合，更容易探知对方底线，找到达成一致的最大公约数。

东盟国家的代表很希望中国代表团能有人参加“高尔夫球运动日”。当时我作为业务主管官员，跟各国代表团成员比较熟悉，算是个核心联络者。东盟同事每年见面都会问：“你学会打高尔夫球了吗？”

虽然我觉得应该学，可是高尔夫球是一种高难度的体育运动，学起来不那么容易，而且从运动装备到规则礼仪，专业程度都比较高，让我望而却步。

1997年，当我被派到中国驻印度尼西亚大使馆出任公使衔参赞时，高尔夫球运动在当地人和外交使团中也是比较流行的。我凑齐装备和行头，开启了学习打高尔夫球的历程。我约了一位印尼教练周末上课，学习基本动作。他很严格，对从头到脚每个姿势的要求都很高，必须做到位。他的理念是，打球最重要的是姿势准确和好看，只有姿势对了才能打得准、打得远。而且他坚持要求我除了上课，还要自己去高尔夫球练习场复习学到的挥杆动作，把姿势练标准了，肌肉记忆稳定了，才能下场打球。他说，如果没学到位就匆

忙下场，错误姿势就很难再纠正了，更重要的是，如果自己技术不过关，打球失误多，会影响本组其他球友，拖累节奏，这是高尔夫球礼仪中的禁忌之一。

除了上课和在练习场定期练球，我也会利用零散时间在宿舍里练习。使馆配备家具时，我给自己的客厅只要了一面大穿衣镜，没有摆放任何其他家具。地上铺了厚厚几层报纸，以免木地板被磨损，然后用塑料胶条做了许多小圆圈，粘在报纸上，当作“球靶子”。晚上下班后我会挥杆练习一会儿，从镜子里观察动作。我发现，打高尔夫球是一种与自己较劲的运动，每一个动作和姿势的着力点都与下一个动作和姿势相反，需要有相当的自制力去找到最佳协调点。

按照教练的要求，我的姿势和球技不断改进，几个月后下场打球果然比较顺利。在随后的岁月里，这项技能派上了大用场。在东南亚地区，打高尔夫球是交友的有效方式之一，例如，如果请人吃饭，客人迟到一两个小时也算正常，还往往不容易约到人；与人约球就容易多了，下场打球的时间确定之后，很少有人会迟到和爽约。而且在球场常能与其他方面的人不期而遇，增加了交友和沟通的机会。

各国高尔夫球俱乐部对外国使节有优惠制度，大多会给大使赠送荣誉会员的待遇，如果邀请别人打球，成本也比请人吃饭低许多。因此，对外交官来说高尔夫球的社交成本相对而言不算太高，而且效果好，我有不少重要的外交交涉和谈话是在高尔夫球场上完成的。

说到高尔夫球的历史，在相关研究中经常被关注到的不仅有古罗马时期类似的小球运动，也包括中国始于宋代的捶丸。明代著名画家杜堇所作的《仕女图》（《仕女捶丸图》）对此有很好的表现，画中描绘了簪花仕女姿态优雅地将一个小球打进洞里，旁边还有球童。据记载，这种捶丸游戏在宋、元、明时期十分流行。[1] 不过这些类似的古代运动与今天的高尔夫球运动有什么关联，是需要进一步考证的。

1 Golf-Information.info. The Complete History of Golf (Part 1: Chinese Golf or the Missing Link) [EB/OL]. http://www.golf-information.info/asian-origin-of-golf.html.

现代高尔夫球运动被认为起源于英国北部的苏格兰，在圣安德鲁斯的英国高尔夫球博物馆（British Golf Museum）有一张1457年苏格兰议会发布的禁打高尔夫球告示，当时青年人对打球的痴迷被认为是玩物丧志，妨碍了军事训练。这显示当时这项运动在乡村青年人当中已经相当流行。圣安德鲁斯高尔夫俱乐部制定了最早的高尔夫球规则。现代高尔夫球运动经过数百年的演进，规则不断完善，球和球杆的品质也随着科学技术的发展不断得到改进和提升。

中国的高尔夫球场1889年出现在香港地区，19世纪末外国侨民相继在上海等地设立过高尔夫球会和球场。[1]改革开放之后中国的高尔夫球运动逐渐发展起来。1984年香港知名人士霍英东等人在广东中山投资兴建了第一个球场，为这项运动在中国的开展提供了条件。2008年北京成功举办奥运会，激励了高尔夫球运动在中国的成长，球场数量增长速度比较快，高峰时候达到600多家，近年来得到进一步的规范。2016年高尔夫球成为奥运会正式比赛项目之后，中

1 中国内地最早且唯一现存的高尔夫球场在哪儿？[EB/OL]. [2018-8-29].https://www.sohu.com/a/250760316_492720.

国职业女子球员冯珊珊赢得的铜牌是中国高尔夫球运动中第一块奥运会奖牌。

高尔夫球场虽然有不同档次，但是作为一项体育运动，服务于大众的需求是其基本现代趋势。把高尔夫球运动高档化并不符合这项运动的基本精神，英国曾经的贵族高尔夫形象也已经被摒弃。高尔夫球运动最重要的特征是人与自然的和谐相处，人对自然的欣赏和享受。从运动的角度看，打高尔夫球安全系数高，有比较强的可参与性，对任何年龄段的人都有适宜的锻炼效果。

1999年在马尼拉参加驻菲律宾外交使团举办的高尔夫球比赛

我喜欢那种淳朴自然的球场，在菲律宾任中国大使期间就曾经有幸在一个村庄球场打球。那是去一位前议长选区参访的时候，他家乡村口旁边有一个9洞球场。参访结束的那天早上，天刚露出鱼肚白色，我背着议长家里的老旧球杆来到球场，想赶在出发之前打一会儿。村里跑出来一个小男孩儿，主动为我当球童。他个子不高，我不能让他背球包，但是他眼力特别好，总能从杂乱的石头当中找到球。

背后的太阳慢慢升起，可以更好地看清周围了。这个球场非常简陋，是在一个干河滩里面修建的，球道上的草不是很多，更多是大粒的砂子和小石头。发球台是只能站一个人的小土堆，果岭也是用土堆起来的，像个大馒头，很难停住球。最有趣儿的是，我发现自己的竞争对手是早上出来吃草的牲畜。在发球台上的羊见到有人来就离开了，球道上吃草的牛却不肯移动，每当球滚到牛肚子下面时，就得设法用球杆刮出来，耽误不少时间。不过，在这样的自然环境中打球，让人更加放松和惬意。传说现代高尔夫球是苏格兰羊倌发明的，在河滩上打球的体验让我觉得，这个“起源说”的可信度比较高。

男孩儿英语讲得很好，一路上给我讲着村子里的事情，还讲到他遇到的球手，一副看尽人生的口气。天大亮的时候我打完了9个洞，向男孩儿付了小费，与他告别，希望他好好学习，好好打球。他毫不客气地说：“我很快就能打得与你一样好了。”嗯，这算是表扬还是批评呢？

高尔夫球服饰

高尔夫球运动注重礼节和自我约束。在服饰的礼仪和规则上，总趋势是更加宽松和包容，更加适应运动的需求。但是一些基本规则仍然不可忽视，在这方面，各个球会有自己的细节规定。其中有一些通例性的原则，例如，不要影响到同伴打球，在球道上不要接听电话，不要伤害到场地；再比如，虽然高尔夫球服装属于运动系列，但是与跑步和其他球类运动服装不完全一样，不宜混用等。

下面是我收集到的高尔夫球衣着规则。

男士穿有领、有袖的T恤衫，短袖、长袖皆可，衣服下摆应该扎进裤子，系腰带。天气凉时如果在T恤衫外面套毛衣，T恤衫领子要收在毛衣圆领里面，显得利索、整洁。冬天可以加一件不过分宽大、不影响运动的外套。运动场的规则很少是一成不变的，例如，有的著名球手喜欢穿高领衫以体现个性，现在高尔夫球服饰中就增加了高领和半高领的类别。

下装可以是短裤，也可以是长裤，根据天气来决定。但是短裤不宜太短，到膝盖的位置是合适的。长裤可以是一条棉质休闲长裤，裤脚与鞋面相齐。

有的球会标示出男士不正确的着装，例如：圆领衫、背心、运动短裤或者长裤、大口袋工装短裤、网球短裤、沙滩短裤、七分裤、钢钉鞋、皮鞋、休闲鞋、凉鞋、普通运动鞋等。

为了增强高尔夫球运动的普遍性，服饰规则中对女士着装给予了更加宽松的空间，不似对男士要求那么严格。例如，允许穿无袖、有领T恤衫，下装可以选择长裤、短裤或者短裙。原则上讲，短裤和裙子不应高于膝盖以上5英寸（12.7厘米），但是各国球场对近年“韩流”带来的超短裙也予以容忍。女士配饰方面，棒球帽、空顶遮阳帽最为常见，圆形宽檐遮阳帽也不失为一种选择。

女士不正确的着装有：圆领T恤衫、吊带衫、紧身背心、迷你裙、运动长裤、网球短裤、沙滩短裤、钢钉鞋、休闲鞋、凉鞋、高跟鞋、普通运动鞋等。

原则上讲，任何颜色的牛仔服都不适合于高尔夫球运动。

在球场上需要穿软钉或者无钉专用高尔夫球鞋，这种鞋不仅有利于挥杆时保持身体的稳定性，也可以保护草坪。搭配的袜子要长及脚踝以上。男士可以选择有帽舌的遮阳帽，帽舌朝前。阳光刺眼

恰当的服饰

不恰当的服饰

时一副墨镜是必不可少的。戴专用的高尔夫手套可以起到稳定握把的作用，习惯左（右）手击球的人可以左（右）手戴一只手套，也有人习惯两只手都戴手套，特别是女性。

进入会所的着装要求相对高一点，男士进入会所须摘去帽子，大部分会所要求不要拨打或者接听电话，以免干扰别人。比赛之后在会所为颁奖仪式举办酒会或者聚餐活动时，需要换成商务休闲类型的服饰，也可以是正装。

以上谈到的服饰规则仅供参考。无论在国内还是国外，如果第一次去某个球场打球，最好先打电话询问一下该球会对着装是否有特殊规定。

以非正式手段解决正式难题

关于打高尔夫球对于外交的意义，新加坡前总理李光耀曾在回忆录中这样写道：[1]

“（东盟）官员和部长们建立起某种工作方式，使争端即使没能获得解决，也不会公开加以宣扬，大家都逐渐养成一种合作的态度。他们会在见面协商时打高尔夫球，在挥杆间互探对方的观点和建议，即使意见被推翻，也不会像正式会谈一样出现争执冲突的情况。”

高尔夫球场上并非表面的一派和平，有时也暗藏机锋，李光耀

1 ［新加坡］李光耀．经济腾飞路：李光耀回忆录（1965—2000）[M].北京：外文出版社，2001：342—343.

就提到一个细节：[1]

“那天下午，我和奈温[2]在仰光高尔夫球场打球。这场球可真不寻常，每一条平坦球道两旁，围绕在我们四个球员周围的全是提着枪向外看的军人。不挥杆时，奈温戴着钢盔，我犹豫该不该问原因，其中一个球员是奈温的部长，他低声说是跟什么行刺威胁有关。”

类似情况我在球场上也见过。

我在驻外使馆工作期间，在高尔夫球场上经历过不少围绕外交难题的辩论，也解决过一些问题。例如在菲律宾任大使期间，我就在球场上围绕南海岛礁等分歧问题与菲律宾高官争论，甚至谈判。1999年中菲发生比较严重的海上争端，我约了菲律宾国防部领导在当地一家很有特色的中餐馆吃饭，但是双方谈得很不愉快，客人们没吃几口饭就离席了。外交官在重大原则问题上必须坚持国家立场，同时，中菲是友好国家，出现争端总需要找到解决办法。时任菲律宾总参谋长是我的球友，那个周末正好有约要一起打球，他如约准时出现在球场上。与以往不同的是，他带了四位持枪军人警卫，开着两辆双人座球车跟在一边，可能是想体现一种强硬态度。这天，我这边只是请了使馆的二秘王尼带着笔记本跟随，记录我们的谈话。

球场经理非常紧张，追过来对我说：“大使阁下，球场上不能见枪的呀，我要对其他会员的安全负责。”

我安抚他说：“那可是你们国家的总参谋长哦。”

1 [新加坡]李光耀.经济腾飞路：李光耀回忆录（1965—2000）[M].北京：外文出版社，2001：331.

2 吴奈温（Ne Win），缅甸将军。

他说:“可他是您的客人啊!”

经理为了让我们不要惊扰到其他球手，不得不延迟后面球组的下场时间，使我们能与前后组都拉开比较大的距离。

这场球一开始就打得不顺，谈得也很僵，我们彼此都对对方有很大的意见，分歧无法弥合。他索性不再讲话，认真打球。我也开始把注意力放到打球上，边打边考虑如何说服他，与我共同找到解决问题的出路。高尔夫球的妙处在于，再差的球手也会有好运气打出漂亮的球，再好的球手也有可能出现失误。我们两个人越打越好，开始相互为对方叫好，前9个洞打下来，成绩都不错，大概双方的碰撞和不快在奋力挥杆击球的过程中也得到了某种释放，总之气氛缓和了许多。

下半场，他的球偏向哪边，我就刻意地也偏向哪边，很庆幸自己曾经在印尼苦练基本功，对球的控制能力还不错。我与他在一个若即若离的范围内边走边聊。与在其他场合不同的是，在球场上不太会出现拂袖而去的情况，彼此能有更长时间交谈，蓝天绿草之间，该说的硬话说完之后，我们进入探知对方意图和底线的阶段，慢慢地大致找到一个可以达成共识的基础。在之后的一周，我与他多次通电话商议，将一个火药味儿颇为浓烈的事件逐步推向尘埃落定。诚然，解决这件事的关键原则基于两国政府的决策，而我和他作为具体操作者，通过这种有效的互动方式，使矛盾得到缓解。

回想起来，打高尔夫球在我的职业生涯中帮我交到很多朋友。

我在澳大利亚任大使的那几年，时任外长亚历山大·唐纳(Alexander Downer)也喜欢打高尔夫球，我们经常相约早上打9

个洞的半场球，不影响各自去上班。不过后来他向时任中国外长李肇星“告状”：“傅莹大使的高尔夫球打得挺好，但是她老带个小本子跟我谈工作，一谈事儿影响到情绪，我就把球打飞了。”这也算属实吧，不过我真不是故意这样去赢他的。

打高尔夫球时，心理因素对技能发挥的好坏影响比较大，比赛时，观众的一声咳嗽都有可能对正在挥杆的球手造成干扰，因此，比较讲究环境的安静和球手的静心。谈事儿对打球肯定会有一定干扰，尤其谈到分歧时难免会影响到情绪。有一次我和唐纳谈到朝核问题，争论起来，结果他把球打到草丛里面找不到了，罚了一杆。那天他输了，有点儿恼，于是我们达成一项“君子协定”，前 6 个洞专注打球，打到最后 3 个洞时可以谈事儿。

国与国之间，摸清对方利益的边界很重要。唐纳外长身边有一位负责给他起草演讲稿的“笔杆子”，当他需要撰写涉及中国的讲话内容时，也会约我打球。我们边打边谈，我会尽可能多地给他介绍中国方方面面的情况，让他更好地了解中国的政策和缘由。

在球场上，视野开阔，置身于大自然当中，人的状态更为放松，谈话内容再严肃，听起来也多了几分委婉，即使是针锋相对的辩论也不会显得硬邦邦的让人难以接受。我们的外交交往，最终目的是为国家发展创造和维护一个好的外部环境，高尔夫球运动是一个比较好用的外交工具。

哎哟，您把球
打进长草区了！
OOPS
ROUGH

诚信是高尔夫球礼仪的核心

高尔夫球运动不设裁判，却有着全球两大权威机构R&A(皇家古典高尔夫球协会）和USGA(美国高尔夫球协会）共同制定的厚厚一本《高尔夫球规则》，每四年修订一次。它的存在不断培养和考验着参与者的自律精神。打高尔夫球的礼仪，从上场前的邀约、着装，到球场上的行为规范，再到离场，注意事项林林总总，学习打高尔夫球的人应该认真阅读，这里就不具体罗列了。我的体会是，高尔夫球礼仪的最佳体现是基于对这项体育运动的喜爱和尊重，并由此而采取的自我约束态度。

高尔夫球文化的精髓在于“诚信”二字。一个人的诚信在邀约时就已经付诸实施。一般订球邀约提前一周就可以，朋友之间也可以提前一到三天订球，甚至当天拼组。拼组是打高尔夫球的例行方式，按照规则一个组需要有4位球手，人数不足时不应该拒绝他人参组，这也是为了鼓励交友和培养合作习惯。无论是邀约还是应约，重要的是履约，需要准时站在发球台上，迟到了就要重新排队。

麦克（Mike）受聘在中国多地高尔夫球场工作过，我写这一章时曾经与他交流对高尔夫球精神的理解。他接触过的中国球手从5岁到80多岁，背景各不相同。他认为这是一项可以一生从事的体育运动，可以培养谦虚和自律意识，让人从中学到许多有益于人生的道理和习惯，例如：诚实、耐心、专注、善于学习和能够保持安静等。

英国的公共高尔夫球场虽然条件差一些，但是价格不高。我在英国任职时，周末曾去官邸附近一个公共高尔夫球场，与社区的人采用AA制拼组打球，一方面为了保持技能，另一方面也可以结交不同的人，了解民情。约球需要在网上拼组，我会选择有女士的组，因为女士需要从红Tee[1]发球，有伴比较方便。英国人交友慢热，社区打球的女士多是退休大妈，最初都较为疏远，接触多了，她们发现我是一个比较靠谱的人，准时认真，亲近感就多了起来，许多人开始主动约我参组。她们教会了我许多，例如，我没有养成自己记杆数的习惯，因为在东南亚打球的时候往往依赖球童，而在英国没有球童，一切都要靠自己。英国女士们打球严谨，少记一杆不行，多记一杆也不行，会时时提示。对一些我不熟悉的规则，她们会不厌其烦地提醒，当我打球出错时她们会督促和勉励我认真挽救。我也开始带上小工具，自己修补球痕、补草，主动耙沙。我能成为一个严谨和讲规则的球手，要感谢这段时间英国大妈们的影响。

高尔夫球这项运动尽管是结伴而行，实际上是相当孤独的体验，归根结底不是在跟他人竞技，而是跟自己竞技、跟球场的标准杆竞技。再好的球手也不可能杆杆完美，正所谓每一杆都是一个故事，出错时，是平心面对、冷静抢救，还是怒气冲天，甚至作弊，便是展现个人品格和心性的时刻。高尔夫球的技能标准用“差点”（handicap）二字表达，言外之意，出现差错难以避免，重要的是减少差错和诚实地计算差错。

例如，如果球落在长草里或者树后面一个很别扭的地方，按照

1　在发球区，每一个球洞对应4~5个发球台，分别为黑色、蓝色、白色、红色，有些球场还有金色。每种颜色的发球台适用于不同技术级别的球手。其中红色发球台距离球洞最近，通常供业余女子开球时使用，在国外又称作“女士发球台”（Ladies Tees）。

规则是不能改变击球环境的，但是，若悄悄挪动一下也没有人知道，打起来会痛快许多。是挪，还是不挪？你是自己的裁判，是否遵守规则很大程度上取决于个人。此时中国人常说的慎独精神就格外重要了——独处时仍然能够自律。所以说高尔夫球运动是一项培养心性和情绪控制能力的体育项目，球手需要战胜的是自己，需要在打坏一个球的逆境中，冷静面对，争取挽回，最终实现好的结果。球场作弊的损失在于，失去了自我完善的机会。

陪伴过我的高尔夫球车

MY ETIQUETTE

JOURNEY

第十章

小物件里的大天地

如何选对包

东西方女包的发展历史

正如服饰演化折射出历史、经济、文化的发展，今日丰富多彩的手提包也是各种古董款式的后代：中世纪的悬挂袋；18 世纪的口袋、钱包和工作袋；19 世纪的手提袋（reticule）和腰带（chatelaine）[1]；等等。

从西方服饰的历史看，包的原型是中世纪以来系在腰上的悬挂袋。16 世纪中期，在男装上出现各种款式的口袋，包括在上衣、裤子和马甲上缝制装钱币和贵重物品的口袋。女士的“口袋”则始终与服饰分离，最初出现的是一种扁平的刺绣布袋，呈梨形或者椭圆形，系在腰间，里面装着嗅盐、镜子、扇子甚至小酒瓶。这种小口袋可以隐藏在宽大裙子的下摆里，不影响服装的轮廓。女士自己从裙子缝隙伸手进去就可以摸到，从外面是看不到的。

1 Judith Miller. Handbags[M]. Dorling Kindersley Publishers Ltd, 2016：9.

到了18世纪末，这种扁平口袋变得不再实用，因为当时开始流行更加修身的衣裙，口袋无处安置。但是，随身携带物品依然是必不可少的，解决办法就是把口袋从裙摆中挪出来，拿在手上，这应该就是现代手包的起源。

在博物馆能看到19世纪以前的手袋实物展品和绘画作品。进入20世纪，女性日渐独立，开始需要适合不同场合的包：比如购物时带的小巧钱包、晚宴上用的串珠绣花手袋。手包尺寸取决于女性随身携带的物品——折扇、手帕、烟盒、粉底、唇膏等等。“二战”后女性更多地抛头露面，进入职业岗位，简朴和实用成为对服饰需求的优先考虑。女士手袋需要装更多东西，比如一副墨镜、一支钢笔以及证件卡片，甚至书报、杂志等等。塑料、木头、聚酯纤维等材料开始取代金属和皮革，粗糙的帆布料也变得可以接受。正式、优雅的手袋成为女士必需品，女士旅行用的箱包也在这个时期出现。同时，商业广告推动下形成的品牌文化在箱包上体现得最为鲜明，一些女性对设计师名字的迷恋胜过了对实用性的关注，影视作品起到推波助澜的作用。有英国时尚专家写道，20世纪50年代中期是手袋由“实用”转向“地位象征”的分界点，很多流行至今的品牌便是在那个时期诞生的。

在中国，历史上最早有据可考的包的样貌出现在北朝的壁画上，画中女性手臂上挎着一个小巧的长方形挎包，看上去质地较硬，似以皮革制作。唐代流传下来的胡人陶俑也不乏背包的形象。有学者认为，中古时期胡汉文化交流密切，最早的背包是游牧民族为了解放双手而发明的，传到了中原。从现存文物中可以看到，汉晋时期的“锦袋”已经非常接近现代女包了，不仅具备实用性，还有刺绣、流苏等装饰。敦煌莫高窟的晚唐壁画以及一些艺术博物馆珍藏的唐代陶俑中已经有女性挎包的形象，不仅在功能上，款式和造型也与现代的样式相当接近。[1]

我上小学时拥有了第一个属于自己的书包，是母亲用花布缝制的，不到一年就磨破了，需要打上补丁，每年母亲都会给我做一个更大些的花布书包。从四年级开始，课本和作业本明显增多，书包太沉了，两根布带子承受不住，我上学时需要抱着书包走，避免带子在路上断掉。

上中学时，父亲给了我第一个军绿色的帆布包，有可以调节长短的背带儿。我自己在书包盖子上用红色的绒线绣上毛体的“为人民服务”五个字，斜挎在肩上感觉相当神气。到了兵团后，服装和鞋都是配发的，也包括一个正式的军用书包，相当耐用。上大学期间我也一直用着这个洗得发白的军用书包，成为兵团经历的标志性行头。

刚进入外交领域时，我买了一个黑皮包，装笔记本和资料，用于所有场合，随着经济条件的改善，开始配备不同场合使用的大包和小包。我的体验是，从外事活动的需求来说，拥有一些兼具设计感与功能性的优质包是需要的，但是没有必要追求名牌。对职

1 葛承雍．中古壁画与陶塑再现的挎包女性形象[J]．故宫博物院院刊，2020，000(001):47—55.

业女性来说，服饰应突出专业性特征，一些高档品牌不一定适合外交官使用，因为那会让别人产生不必要的联想。我选择包的主要考虑是符合场合的要求，样式经典、细节保守是一个可靠的原则。

现在，中国制造业发达，国内市场上包的种类繁多，品质非常好，价格也不是很高，选择空间是很大的。

那么，什么场合适合用什么样的包呢？

商务会晤

日间商务场合，除了个人用品外，可能还需要携带电脑和资料，因此适合使用稍微大一点的皮质短柄（手提）公文包，最好里面有多个隔层，区分开不同的用途。有的包外观好看，但是里面层次少，找钥匙和找笔的时候需要翻来翻去，很不方便。原则上讲，包的颜色需要与衣服搭配，不过，没有必要也不可能为所有颜色的衣服搭配相应颜色的包。米色、褐色和黑色是百搭的；双色、花色的包适合单色衣服；蓝色或者酒红色的包，如果与服装颜色搭配得当，或者撞色合理，也会产生好的衬托效果。有的女性在服装上不太接受大胆的颜色，可以在包的颜色选择上稍作挑战。

餐会使用的包最好款式比较简洁，而且应该比较硬挺，因为吃饭时需要把包放在椅子上或者地上，最好能立得住。在日间的外交场合，使用漆皮包显得不够优雅，鳄鱼皮、鸵鸟皮制的小包则过于炫目，这类包适合晚间的场合。

这类传统、有把手的小包比较硬挺，适合餐会或者酒会时用，无论放在一旁还是挂在手腕上都比较方便。

这是工作类型包的几个样例，特点是宽大，能放下资料和电脑，参加会谈和会议比较方便。

2016年3月9日于北京人民大会堂出席第十二届全国人民代表大会第四次会议

晚间活动

原则上讲，包越小越适合晚上的场合，包越大越适合白天的活动。出席正式酒会或者晚宴时，与礼服搭配的应该是一个小巧的手包（Clutch），最好有一根可以拆卸的金属或者皮质带子。不要忽视这个小细节，因为如果参加的是自助餐形式的晚宴，那么手包需要有带子挂在肩上或者小臂上，否则取餐时会很不方便。即便正式晚宴也会有餐前酒会，或者餐后咖啡时间，需要能腾出手来端杯子和握手。

晚宴手包的装饰性可以强一些，材质首选亮面漆皮、绸缎或者丝绒。饰以珠子的手袋最好选择纯色的，例如蓝黑、深灰、墨绿或者金黄、银色。黑色晚礼服的最佳搭配是带有金属扣环的手包。不过扣环的品质很重要，毕竟晚宴手包的功能更像是饰物，而不仅仅是包袋。

携带手包出席晚宴时，不宜将手包放在餐桌上，可以放在膝头，或者放在身后靠在椅背处。如果旁边有空

穿中式长款上衣出席酒会活动

这些小包的样例适用于搭配晚礼服

座椅或者台子，也可以用来放置手包。

女士晚上赴宴或者参加婚礼时，不太习惯在手包里放钱包，而且手包比较小，也装不下日常用的钱包。但是，最好记得在手包里面放一些零钱，因为不少场合会有捐款活动，在请柬中会有说明。另外，衣帽间台子上通常会有一个盘子，里面放着一两枚硬币，这是放小费的地方，活动结束取大衣时，应该留下几枚硬币。

下面是《衣橱博物馆》[1]一书中对选择和购买日常手提包的8条风趣而实用的建议，有助于在多种选择中做出理性的判断。

- 它是不是大到可以装下所有你需要的东西，但是又不会大到像是周末几天都要出门一样？
- 它是不是牢固到能够每天使用？
- 它的颜色是不是能搭配你的大多数服装？
- 它能不能稳当地搭在你的肩上？带子会不会太短或者太滑？挎上它四面转一下，看看会发生什么。
- 它是不是里面比开口更宽大？那会让你每次找钥匙都像在玻璃鱼缸里瞎摸。
- 它能不能严实地拉上拉链或者扣上扣袢？
- 它有没有足够多的小口袋放下需要分类的物品，或者你需要添加配件来让包里的东西井井有条？
- 它是那款你愿意每时每刻都放在身边的包吗？

1 [美]蒂姆·冈恩，埃达·卡尔霍恩. 衣橱博物馆[M]. 刘洲，译. 北京：中信出版社，2018：302.

如何选对鞋

鞋是人生最重要的服饰伴侣之一，对鞋的认识和喜好脱离不了自己的生活环境。

我小时候穿的是手工做的圆口布鞋，那是在哲里木盟农村老家的姥姥做的，厚鞋底是一针针纳出来的，缝上黑布鞋帮。春节前我们几个孩子会收到老家邮寄来的新鞋，同时能收到姥姥做的奶豆腐和黏豆包，那是极好的过年吃食。母亲在回信时要量量几个孩子的脚，画个放大些的脚样子随信寄回去，来年春节姥姥就又邮寄来新做的鞋了。然而，小孩子脚长得快，鞋总是偏紧，每次穿新鞋都是一场搏斗，需要把鞋沾湿了水，使劲儿穿到脚上，慢慢撑开。我长大后脚的尺码偏小，应该与从小“穿小鞋儿”有关系。

1962 年父亲去上海出差，给我带来一双系带子的黄色小皮鞋，像画儿上的一样好看，我珍爱至极，当晚睡觉时放在枕边。因为尺码偏大，母亲收存了起来，再拿出来时已经挤脚穿不得了。

父亲是军人，发的军服包括胶鞋和靴子，我最喜欢那双被称为“将校靴”的高靿儿皮鞋，父亲很少穿，我长大些就常拿来穿，把裤脚塞到靴子里面，走起路来挺神气的。不过父亲的鞋大，男靴又沉，虽然垫了厚鞋垫、套两双厚袜子，但是鞋子仍然大许多，这导致我走路的步伐有点拖沓。在内蒙古生产建设兵团时，走队列时经常被排长批评“不抬脚”。

在兵团期间每个月有五元钱的津贴，我托回北京休假的兵团战友买了一双“回力”白球鞋，两块五毛钱，实现了童年梦寐以求穿白球鞋的愿望。

进入外交领域，鞋成为整体服饰的一部分，需要从礼仪的角度考虑。我在这个问题上没少走弯路。

前面的章节提到，我在25岁那年，被派往中国驻罗马尼亚大使馆。出国前第一次买高跟皮鞋，缺乏经验，柜台上的服务员提醒说皮鞋紧了会硌脚，我就选了大一码的。结果鞋不跟脚，以至于在之后的两年里即使塞了鞋垫，走起路来都是“趿拉趿拉”的。

1998年，我被派到菲律宾任大使。在那里，人们出席社交场合的时候，鞋子的时尚程度比较高，我先前在印尼配备的几双式样传统的圆头粗跟鞋不适用了。

有一次，我应邀参加一场婚礼，准备穿一件丝绒旗袍，需要搭配合适的礼服鞋，朋友推荐了当地一家品牌鞋店，我选择了店里相对不那么贵的一双黑色绒面高跟鞋。然而，这双并不舒服的鞋很不给力。婚礼结束，我从宴会厅出来的那一刻，鞋跟断了，难道这鞋子是纸壳做的吗？我扶着柱子站在那里，琢磨着这一脚高一脚低的样子，如何体面地走完眼前的多级台阶顺利抵达停车场呢？

一位男士走过来说：“Madam, shall I help?”

（夫人，需要帮助吗？）

我如获救星。

他看着我脚上的鞋子，笑着说：“It happens.”（这样的事情难免会发生。）

他的幽默态度让我放松下来，我搭着他的手臂，小心翼翼地走向停车场。

虽然我当时很生气，但是最终决定不去找鞋店老板娘理论，毕竟她是朋友的朋友，或许她也上了供货商的当，又或许这里的人原本就将这种充场面的鞋当成一次性物品，只求华丽，不求品质。正所谓“吃一堑，长一智”，我后来选购鞋子时认真了许多，重点关注是否结实！

怎样穿鞋既适合自己又适应场合，相关时尚指南的书有不少介绍，但是在实践中总需要根据具体情况和环境做选择。

鞋看似是服饰里最不起眼的一部分，实际上却对一个人的整体形象有重要影响。一双漂亮、得体、舒适的鞋不仅能让你行走自如，不受拘束，还能从细处体现一个人的品位。

选择鞋，要兼顾舒适、时尚和品质，也要考虑很多其他因素，包括服装搭配、妆容、季节、场合等等，它应该与你的整体服饰相呼应和补充、彼此成全，而不应该有冲突或者违和之感。虽然一双鞋不大可能适合所有场合和服装，但是做外交工作的人几乎一生都在旅途中，所以一鞋多用是必须的。

下面介绍一些基本规则。

和衣着风格相匹配

对女士来说，基本规则是便装搭配平跟鞋，正式场合的服装搭配高跟鞋、坡跟鞋，或者精美的平跟鞋也可以。穿阔腿裤需要搭配平跟鞋，穿锥子裤应该搭配高跟鞋。如果是在休闲场合，混搭风格也很好，例如西装上衣搭配卡其布裤子时，穿一双时尚的运动型小白鞋。但是公务人员出席在酒店或者办公场所举行的活动时，不宜穿运动型鞋。

根据不同场合选择适合的鞋

女士出席正式商务场合和晚间活动，例如酒会、晚宴等，可以把握以下原则：日常工作可以穿圆头、粗跟鞋，如果穿高跟鞋，3厘米的高度比较合适。我出差时，除了旅途中穿一双方便走路的舒适平跟鞋或者靴子之外，会备一双相对百搭的正装低跟鞋用于白天的场合，一双细高跟鞋用于晚装。我偏爱深蓝色和棕色服装，鞋也会选择相应的颜色。

白天的正式外事或者商务活动，鞋跟以3~5厘米高为宜。一个细节是，如果进入铺地毯的环境，可能会有静电，导致鞋跟上沾很多细毛，需要找机会擦拭干净。

晚间的酒会和宴会应该穿尖头和细跟的鞋。露脚趾的鱼嘴鞋或者没有后帮的凉拖鞋都是适合的，夏天穿这类鞋可以不穿丝袜。晚宴时搭配晚装长裙可以选择鞋跟稍微高一些的晚装鞋，5~7厘米都是合适的。年纪大的女士不一定要穿高跟鞋，但是晚装用的鞋，即便选择低跟也应该是细跟。与晚装一样，晚宴时穿的高跟鞋可以有一些提亮的元素和装饰。

如果赶上雨雪天气，道路泥泞湿滑，车能开到门口还好，若还有一段步行距离，或者需要搭乘公交车，那该怎么办呢？可能需要把出席活动的鞋带在身上，到现场后更换，免得把脚上的泥水带入活动场地。在伦敦大街的傍晚，可以看到穿着运动鞋匆匆走过的女性，大衣兜露出揣在里面的高跟鞋尖尖的后跟，她或许正在赶往一个酒会，或者是什么其他活动。

礼仪标准随着时代的变化而变化。在外交场合或者隆重的典礼上，人们需要遵循相对严格的着装要求，而在另外一些场合，比如国际电影节，尽管也很隆重，标准却在逐渐放宽。例如，女士走红地毯并非都穿高跟鞋，设计别致的平跟鞋也时有出现。

任何规则都不是一成不变的，总要因地制宜地考虑，重要的是，最好能提前了解场地条件和前往路径。有一年冬天我在德国慕尼黑的山中酒店参加会议，日程中注明有晚宴，我准备了相应的礼服和鞋。结果从酒店到晚宴地点需要步行走过一段雪地，穿着高跟鞋的我走得相当困难，还好一位男士让我搭上他的胳膊才算稳住脚步。第二年再去开会时我就准备了式样精巧的平跟靴子。

鞋的颜色应该与服装相协调，还是可以适当跳跃？

通常，鞋袜的颜色要尽量与服装相协调，可以参考以下几种方法。

同一色系。深色服饰搭配深色鞋，浅色服饰搭配浅色鞋，往往不会有错。根据全身服饰不超过三种颜色的通用原则，当上衣或者下装的花色比较杂时，其他搭配的服饰就最好是纯色的了。

图1无后帮的凉拖式礼服鞋适合晚宴场合
图2圆头中跟船鞋属于正装鞋，适合白天的公务或者礼仪场合
图3适合早、午餐或者下午茶等非正式活动
图4、5装饰性强的鞋适合白天的礼仪或者文化类活动

鞋可以与服饰中任何一项的色彩相一致，可以是上衣、包袋、腰带、围巾或者是手表，甚至衣服上的花纹等小小点缀都可以与鞋相互形成颜色上的呼应，体现出精心搭配后的整体感和时尚感。当鞋与下半身的服装保持同一色系时，可以增加修长感。

深浅程度相近的颜色组合在一起会减少反差，看起来更舒服。然而，并非淡色同淡色或者深色同深色都可以相互搭配，这方面最好能有些关于颜色冷暖方面的知识。例如，穿着一身浅淡的银灰色套装时，搭配杏色鞋是不协调的，尽管都是淡色，银灰是冷色系，而杏色是暖色系，不如用白色或者黑色鞋搭配银灰色，这样虽然会有些跳跃感，但是至少不会明显地不舒服。

鞋与衣服在颜色上的协调性，对整体服饰的效果有直接影响。我担任全国人大新闻发言人期间，每年选择恰当的衣服不难，难的往往是找到搭配协调的鞋。例如，2015年3月我为做新闻发布会选择了一件灰色基调上有深蓝色图案的织锦缎中式上衣，搭藏蓝色真丝长裤，我为此专门买了一双藏蓝色翻毛小高跟的船鞋。事后看照片，这双鞋确实增强了服饰的整体感。2017年3月我准备穿一套芥末黄颜色的西装套裙出席新闻发布会，但是任何我现有的黑色、米色鞋都无法与之搭配。后来还是穿了一双同样芥末黄颜色的鞋才显得协调了。

图6、8、9乐福鞋适合日间公务活动
图7、10式样简洁的高跟船鞋适合酒会或者晚宴等场合

鞋与服饰的恰当关系应当是能够融为一体，既可以不显山不露水地存在，又能添彩增色，但是尽量不要“独树一帜”地引人注目。

对比色。协调并不意味着通身一个颜色，那样也容易显得沉闷。例如，穿着一身黑色套装时搭配黑鞋，会显得缺乏重点。然而，当鞋的颜色非常出挑、带有亮片或者样式很抢眼时，衣着的色调可以简单一些，不能两头抢。服饰的颜色搭配越简单效果越好。例如一件黑白条纹或者花点的裙子，只能搭黑色或者白色的鞋，如果在鞋上也出现黑白色或者花色的装饰，就会有添乱的感觉。当然，如果穿了一身黑色的套装或者裙装，选择鞋的空间就很大了，甚至糖果色或者豹纹的鞋，都会增色不少，有围巾相呼应则更好。在颜色的利用上，可以借相近色和同色系来加倍突出同一种风格，也可以选择完全相反的颜色，让着装更醒目、更跳脱。

英国女性喜欢在鞋上显示个性，前首相特雷莎·梅出挑的鞋子就经常被人津津乐道。其实她并非个例，在伦敦公务和商务场合出现的女性往往服装保守，但是在鞋子式样和颜色的选择上是比较大胆的。

穿真丝中式大褂出席比较隆重的仪式活动

MY ETIQUETTE JOURNEY

第十一章

男士礼仪服饰

——得体最重要

在这本书中，是否需要专门为男士写一章？我向朋友们征询意见，大家建议应该有，希望让男士们也能有兴趣读这本书，从中找到自己需要的信息。毕竟，外交场合中男士是主要的群体，也是外交礼仪和服饰践行和展示的重要成员。

大多数男士对穿着的关注似乎不像女士那样细致，也没有那么多的选择。观察英国男士，大多数人在服装上重视和遵循传统的礼仪规范。我曾经问一位金融界的朋友：如果谁在正式场合穿错衣服，比如说，在请柬要求穿黑领结礼服的晚宴上，他穿西装到场，那么会怎样？他说，倒也不会怎样，顶多私下开个玩笑，说他新换了秘书，没有仔细看请柬。但是也不会完全没有后果，可能将来别人会犹豫是否将他的名字纳入邀请宾客的名单中。

英国不同家庭和生活背景的人对衣着礼仪的看法不尽相同，也有人表达不同的穿衣主张。比如我在英国留学时的一位好朋友来自苏格兰，她秉持共和派观点，对以王室为中心的礼仪规范很不以为然，让我不要去理睬礼仪书中的提示。当然，虽然她喜欢特立独行，但是也不会穿着牛仔裤去参加朋友的婚礼。

在公共视野下的男士，面对大众的审美期待和社会礼仪规范，个人好恶需要做出必要的妥协。比如英国工党前首相布朗出了名地不喜欢穿礼服，就任首相之前，他尽量回避出席任何着装要求是礼服的活动。就任首相之后，他第一次参加英国工业界晚宴并演讲，仍然穿了一套西装（尽管是崭新的）出席。然而，当晚请柬的着装要求是黑领结礼服，新闻界人士都个个穿着打黑色领结的无尾礼服出席。

我也参加了这场晚宴。作为外国使节，我很关心新任首相传递的政策信息。认真听了他的演讲之后，我与坐在身边的一家知名报纸总编探讨："您认为他的观点怎么样？"他在评论讲话内容之前先说道："首相先生穿着这身西装出席晚宴，已经表达了他对工业界的蔑视。"

不知布朗首相自己怎么看。其后不久，一位国家元首访问英国，据媒体报道，女王在白金汉宫的例行谈话中告诉布朗，自己要为客人举办一场白领结礼服晚宴（White-Tie Dinner）。英国社会对布朗首相是否会向礼仪妥协充满好奇，结果，布朗首相量身定制了自己人生第一套白领结礼服。

那天的晚宴也邀请了各国使节前往。身着燕尾服的布朗首相站在宴会大厅的高台上与来宾一一握手，充分满足了人们的好奇心，大家都认为首相今天很帅气。我与布朗首相握手寒暄时，也有机会近距离欣赏了一下他的新礼服。

相对于女装而言，男士服装对时尚潮流的敏感度不那么明显。尤其是在英国，稍微年长些的人对西装时兴两颗纽扣还是三颗纽扣，或者裤腿宽些还是窄些，不会特别在意。英国人以衣服年代久为荣，一套做工精良的经典版西装可以永不过时，如果样式花哨，可能两年就过时了，其性价比大大降低。一位相熟的英国朋友在谈到西装时，不无得意地夸赞说，他身上的西装是十年前定制的。确实一点儿都没有变形，看不出来是很旧的衣服。

英国男装由繁至简的历史演变

当今世界的国际外交礼仪和服饰多源自英国，许多礼仪规则和服饰规范与英国乃至欧洲的历史和文化息息相关，在这里简要分享一下英国男装的渊源。

在服饰方面，无论是东方还是西方，早期都采用直线方式剪裁衣服，成衣比较宽松，没有立体造型。中世纪欧洲的标准服装是“袍”（Robe），松散地披挂在身上。英国出现“剪裁”（Tailoring）的概念大约是14世纪之后的事，此前的服装可以平展折叠，此后的服装就需要衣架撑挂了，这是一个质的改变。文艺复兴时期的重要思想变化是从关注“神”转向也开始关注“人”本身，社会对艺术和自然的审美摆脱了教会推崇的保守理念的束缚。这也反映在人们对服装的考虑和追求上，“合体”观念成为新潮流。

其后的两百多年，随着纺织制造业的发展和海外贸易的开拓，服装材料更加丰富，剪裁技巧不断提升，宫廷服饰日趋繁复和华丽，尤其法国宫廷的奢靡之风反映在了欧洲服饰和礼仪当中。当时男装流行的是源自法国宫廷的紧身上衣、马裤和披风。

现代西式男装由繁入简的雏形被认为起源于17世纪下半叶的

英国，经历了瘟疫横行和伦敦大火之后，在财政紧缩的压力之下，查理二世[1]（Charles II，1630—1685）颁布法令，规定英国宫廷的标准穿着为：马裤、长外衣、马甲三件套。这被认为是对路易十四在凡尔赛宫推行的烦琐服饰和颓靡之风的反叛和改革。英法两国的时尚之争延续了几个世纪，查理二世推崇的“三件套”成为现代西式服装的早期样式。英国人在乡村生活和狩猎活动中进一步改造西服，为了便于骑马，外套的前襟一再变短，而长长的后襟得到保留，成为燕尾服的雏形。绸缎和天鹅绒的面料被平纹布取代，穿起来更舒适，行动更方便。

1　斯图亚特王朝第十一位苏格兰国王，也是复辟后的首位英格兰及爱尔兰国王，1650—1685年在位。

对现代西服和穿衣风格有比较大影响的人物是18世纪末的“时尚先锋”博·布鲁梅尔（Beau Brummel），他是乔治四世[1]作为摄政王时期的密友，秉承极简主义，宣称“真正的时尚是不被发现的”。布鲁梅尔的穿衣风格影响了之后150年的西方世界：流线型合体的裤子、有亚麻内衬的衬衫、一件简洁的马甲。他说，“如果有人在街上转过头看你，那说明你的衣着不得体，要么太松，要么太紧，要么时尚过了头”，“有品位的绅士应该是精致而低调的”。

在《风格不朽：绅士着装的历史与守则》[2]这本书中，作者将18世纪末期称为“男性大弃绝”（the Great Male Renunciation）时代，即放弃了绣着图案的丝绸和天鹅绒的服饰。法国大革命与工业革命相继而至，带来了在工业化基础上建立起的低调朴素的男性服饰文化。不过，整个19世纪英国乃至欧洲男士的正式晚装一直是燕尾服，19世纪后期出现了无尾礼服。

电影《王牌特工》中的男主角有一句台词：“不知礼，无以立。”（Manners make the man.）虽然那家高级成衣店“金斯曼”（Kingsman）属于虚构，但其所在的伦敦萨维尔街（Savile Row）却是一条名副其实的裁缝街。1846年，一位名叫亨利·普尔（Henry Poole）的裁缝在萨维尔街32号开了店铺。1865年，威尔士亲王[3]找到他定制衣服，把王室服装生意带到萨维尔街。此后的一百多年间这里成了“顶级男装定制”的代名词，聚集起英国乃至世界上最好的男装裁缝。

1 乔治三世之子，1811—1820年由于其父精神失常而出任摄政王。

2 [美]G.布鲁斯·博耶.风格不朽：绅士着装的历史与守则[M].邓悦现，译.重庆：重庆大学出版社，2017：5.

3 维多利亚女王之子，后来的爱德华七世国王（Edward VII, 1841—1910）。

现代的“黑领结礼服”就源自这里。当年威尔士亲王对每天穿着燕尾服吃饭的刻板约束感到不爽，请亨利·普尔做了一件“午夜蓝”（Midnight Blue）丝质无尾礼服，也被称为“吸烟装”（Smoking Jacket）[1]，由此成为标准的晚餐装（Black Tie Dinner Jacket）广为流行。1886年10月，这款礼服出现在美国的塔克西多公园精英俱乐部（the élite Tuxedo Park Club）[2]，受到欢迎和接纳，《韦氏英语词典》增添了一个新词“Tuxedo”（塔克西多），即指无尾礼服。欧洲国家至今仍将这种无尾礼服称作“吸烟装”。到了1900年，英国人开始采用黑色领结搭配无尾礼服，在后来多次尝试和改良的推动之下，形成现今黑领结礼服的基本形式。

在英国再次掀起一股服装革命浪潮，使王室服饰进一步向平民社会普及的，是爱德华七世国王的孙子爱德华八世（Edward Ⅷ，1894—1972），也就是温莎公爵。他主张“软性穿着”（soft dress），推广软领衬衫、休闲西装和花呢以及休闲毛衣。在他的倡导下，人们开始放弃维多利亚时代以来偏紧身的衣着。至此，西式男装经过四百年的发展变化，实现了由繁至简的演变，从宫廷贵族的服饰成为被普通中产阶级平民也接受和采用的衣着。

当然，这些变化的背景是工业化和城市化的快速发展，社会消费能力上升，大规模生产丰富了市场供应，得以满足更加广泛的大众需求，品质服装已经不再是少数人的专属。

1 一种男士宽松外套，通常由丝绒等厚织物制成，饰有镶边，常穿在室内。早期吸烟装一般为天鹅绒或丝绸材质，特点是青果领、双叠袖口，腰间用纽花扣固定。现代吸烟装男士女士的款式都有。

2 烟草大亨皮埃尔·洛里拉德四世（Pierre Lorillard IV）创办的乡村俱乐部。

西式男装的服饰和礼仪

现代西式男装定型为几种适合不同场合的形式，构成国际通行服装礼仪规范。在外交场合，西式男装的服饰礼仪属于通例性规范，与各国的民族服装之间不是相互排斥的关系，而是可以相互替代和并行存在的。

中国时任驻西班牙大使吕凡2015年1月在马德里王宫向西班牙国王费利佩六世递交国书

《德布雷特手册》

在日常穿着中，可以将西式男装分为两类：一类是普通西装，即适用于白天（17:00以前）的商务正装和商务休闲装；另一类是礼服，包括黑领结礼服（无尾礼服）、白领结礼服（燕尾服）、晨礼服。

下面介绍一些基本常识，在应邀出席国际上各类国事和外交、商务活动时，可以作为着装选择的参考。

普通西装（Suit）

普通西装是日常工作中使用最多、最常规的服装，本书第二章“从早餐到晚宴：这些场合怎么穿”中提到商务正装和商务休闲装，说的就是这类西装种类的不同适用场合。

在英国权威礼仪指南《德布雷特手册》[1]中，关于商务正装（Business Formal）的描述是这样的：男士标准的“三件套”西装是单排扣或者双排扣外套，单排扣外套最下面一颗扣子不系，里面穿单排扣或者双排扣马甲，搭相同面料的西裤，穿马甲或者双排扣外套时可以不系腰带；标准的“两件套”西装是单排扣或者双排扣外套，没有马甲，搭相同面料的西裤，穿单排扣外套时裤子需要系腰带；西装衬衫须是翻领，但是不能采用领尖上有纽扣的衬衣，衬衣从第一粒纽扣开始务必全系好，再打领带。

1 John Debrett. Debrett’s Handbook: British Style Correct Form Modern Manners[M]. Debrett’s Limited, 2014：193.

英式剪裁代表了西装的基本标准，分为全定制、半定制和成衣。“合身”永远是重点，一件不合体的西装无论面料多么好，款式多么时尚，都是失败的。当然，所谓合体不意味着紧紧裹在身上，一套剪裁完美的西装应该有比较好的垂感，而且不会限制身体的活动。在财力许可的情况下，量身定制是可靠的选择，对于外交人员来说，品质精良的定制西装更加经久耐用。当然，在商店购买成衣也是可取的，传统的裁剪和制作会刻意在衣服关键缝合处留有修改余地。好的衣服可以传代，一位西班牙大使告诉我，他的礼服是爷爷当年穿过的。我曾与英国女王典礼卫队的队长闲聊，他们都是退役军人志愿做女王卫士，身上穿的镶金饰红色礼服多由前辈卫士代代传承下来。他们身材如此不同，如何继承前人衣服？他告诉我，有专门的裁缝为大家修改旧衣服。

除了英式西装，美国、意大利和日本的西装版本提供了另外的选择。20世纪20年代美国兴起“袋型常服”（Sack Suit）风潮，一件开襟宽大的直线条外套，无结构、无垫肩、无腰褶、无收腰线。这种麻袋一样的衣服让身体有不受限制的活动空间，因此受到欢迎，此后半个世纪纽约和波士顿人一直痴迷于这个造型。现在美国人开始回归修身的西装趋势，恢复了英式西装的一些特征，但是宽松的“麻袋款”仍然随处可见。

“袋型常服”（Sack Suit）

西装的“意大利风格”指的是南意大利那不勒斯—拿波里地区的风格。意大利南部受到地中海气候的影响，天气暖和，人们的服装需求偏向轻薄，因此对西装的面料、剪裁和结构都有所调整。意式西装面料比较薄，柔软服帖，结构上去掉了厚重的垫肩和衬里。

日式西装不仅在细节和品质上有一定优势，而且更符合亚洲人身型，轮廓多为收窄的H形，肩部不是很宽，腰部也不是很紧，身后不开衩。这种版型对中国男士来说，穿着起来会感觉舒适。

选择西装时，合身是所有条件中最重要的。肩膀、臀部、腰身、袖口、裤脚等细节处，共同决定了这套西服是否合身。首先，肩部与手臂的接缝处合适与否极为关键，西装肩部线条最好与你的肩膀宽度相同，否则要么显得松松垮垮，要么过于紧身。袖长也很重要，男士们可以参考：衬衣是否可以恰到好处地露出1.7厘米左右。标准的衣长是能够完整地遮住臀部，当双臂自然垂下时，衣服底边大致在大拇指第一个关节的位置。作为套装，裤子也是不可忽视的部分，选择裤长时，男士可以参考这样的原则：不穿鞋时，裤子底边刚好接触到地面。

另外，选择西装成衣时还需要注意一些细节。例如：纽扣最好是牛角而不是塑料制成的，袖子上的纽扣应有扣孔，最好不是假的装饰扣，接缝处应比较薄；选择西装的颜色时，黑色、灰色或者藏蓝等深色，可以适用各种场合，不容易出错；夏季和白天可以选择浅色，比如卡其色、橄榄色、海军蓝等；平驳领（Notch Lapel）和戗驳领（Peak Lapel）是最常见的两种西装领型，后者更为正式，可以作为晚间商务活动的服装[1]，但是需要注意的是，这样的西装仍

1 即着装要求为“商务正装”（Business Formal）的场合。

然不是礼服，不能用于着装要求为“黑领结礼服”的场合；平时可以选择一些基础款西装套装，实用性强，可适用的场合比较多，比如深蓝色条纹、木炭细条纹、藏青色细条纹。[1]

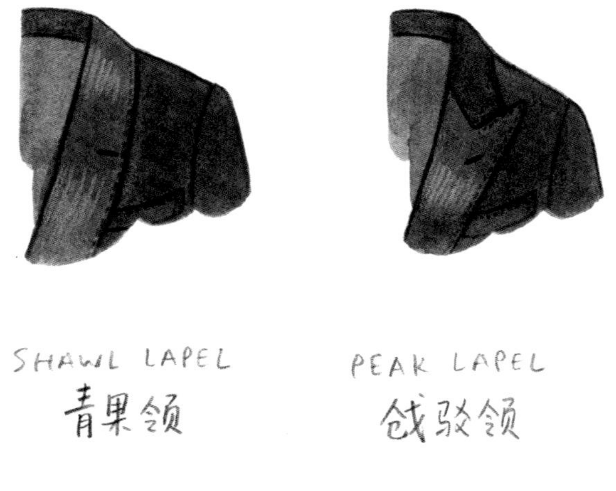

1 在此基础上，法国蓝条纹西装、花呢三件套西装、深绿或橄榄绿西装、泡泡纱西装、灰色或深蓝色的方格子西装、黑色西装、牡蛎白西装也为男士衣橱提供了更多选择。

黑领结礼服（Black Tie）

“黑领结礼服”也被称为无尾礼服、吸烟装或者塔克西多礼服，也有人称为小礼服。根据《德布雷特手册》及专业服饰网站上的信息，男士标准的“黑领结礼服”大致有以下几个基本规则。

SINGLE BREASTED
单排扣礼服外套

DOUBLE BREASTED
双排扣礼服外套

上衣（Jacket）：黑色或者午夜蓝色的无尾礼服外套，面料采用羊毛，天鹅绒（Velvet）面料也被认为是冬天不错的选择。翻领为戗驳领或者青果领（Shawl Lapel），而不会采用普通西装常见的平驳领。翻领材质是光滑的缎面（Satin）或者横纹罗缎（Grosgrain）。可以采用单排扣（Single Breasted）或者双排扣（Double Breasted）。外套后身不开衩，衣袋没有翻盖。在颜色的选择方面，灯光下午夜蓝色的礼服很像黑色，而且更有层次感；黑色礼服则更加庄重。天气较热时在户外聚会，比如夏天花园酒会，有人选择白色无尾礼服。

裤子（Trousers）：无尾礼服的下装是一条高腰长裤，单褶，裤脚无卷边，裤腿两侧各镶嵌一条与翻领缎面材质相同的装饰带。礼服裤不需要系腰带，因此没有裤袢，裤腰的松紧通过两侧的调节袢（Side Adjuster）控制。

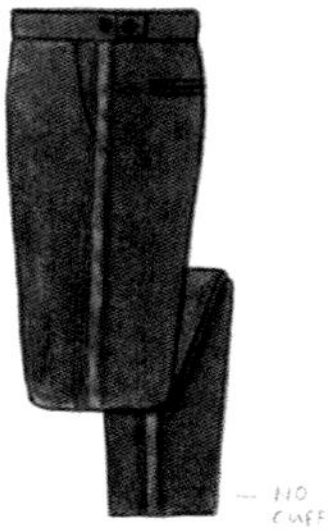

BLACK-TIE TROUSERS
礼服裤

礼服衬衣（Dress Shirt）：衬衣须是白色、翻领，最鲜明的特点是法式双层叠袖（Double Cuff），佩戴袖扣，衬衣前襟不是普通纽扣，而是采用黑色装饰性材质的饰钉。

FORMAL SHIRT
礼服衬衣

马甲（Waistcoat）或者腰封（Cummerbund）：无尾礼服的一个准则是需要遮挡腰腹，可以穿马甲或者戴腰封。典型礼服马甲是U形低领，有三四粒扣子，能露出衬衣前襟的装饰，也能隐入礼服外套。腰封是一条与裤子同色的丝质宽腰带，与马甲是二选一的关系，不需要同时用。此外，双排扣礼服需要始终系扣，就不需要马甲或者腰封了。

WAISTCOAT
礼服马甲

CUMMERBUND
腰封

BOWTIE
领结

领结（Bow Tie）：黑色，蝴蝶式（Butterfly），材质应与礼服的缎面翻领相同，需要自己打结，不能用成品领结。

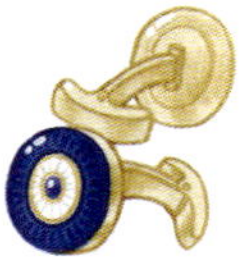

CUFFLINKS
袖扣

袖扣（Cufflinks）：袖扣是黑领结礼服的重要佩饰，虽然小巧却彰显个性和品位。选择袖扣的原则是简洁，例如镶嵌珍珠贝母或者玛瑙的银扣比较受欢迎。

POCKET SQUARE
口袋巾

口袋巾（Pocket Square）：白色真丝或者亚麻材质。经典叠法是一字形（Flat Fold），即两次对折后，放入礼服胸袋，露出0.25~0.5英寸（0.6~1.3厘米），与露出的衬衫袖口相呼应。也可以叠成三角形，或者索性采用蓬松的自然形状。

OXFORD SHOES
牛津鞋

OVER-THE-CALF SOCKS
长袜

鞋袜（Shoes & Socks）：黑色亮面漆皮或者小牛皮皮鞋，袜子同样须是黑色，最好是丝质或者羊毛质地。

白领结礼服（White Tie）

“白领结礼服”外套是燕尾服，是最为正式的礼服，也有人称为大礼服。前文提到，燕尾服的造型源自18世纪的英国服装改革，整个19世纪燕尾服都是通用的礼服外套。中国曾在孙中山领导的国民政府时期短暂采用过燕尾服，那时提出“改正朔，易服色”，1912年10月颁布的《民国服制》规定，以西式大氅或者燕尾服作为大礼服 。[1]

《德布雷特手册》中对白领结礼服的规则有详细表述，从中选择以下简介供参考。

TAILCOAT
燕尾服

燕尾服外套（Tailcoat）和裤子(Trousers)：白领结礼服外套为黑色，质地是羊毛或者超精细的人字斜纹呢，翻领是丝质戗驳领，单排扣，不系扣子。后襟长，前襟比晨礼服的前襟还要短一些。裤子是黑色，呈自然锥度，两侧镶装饰缎带。

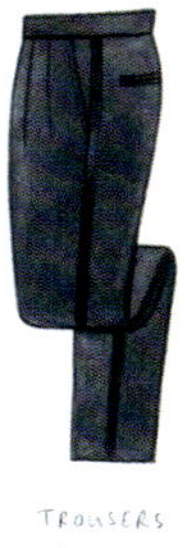

TROUSERS
礼服裤

1 《民国服制》规定：“男子礼服分为大礼服、常礼服二种。其中大礼服分书用、夜用两种：书用大礼服为西式大氅式；夜用大礼服类似燕尾服，但后摆呈圆形，裤用西式长裤。常礼服也分两种：一为西式，一为袍褂式，均为黑色，衣料采用国产丝、毛织品或棉、麻织品。”《临时政府公报》，1912年10月4日（第157号）。

DRESS SHIRT
礼服衬衣

礼服衬衣（Dress Shirt）：衬衣质地多为凸纹布，上浆，翼领，可以拆卸，法式双叠袖口，佩戴袖扣。

CUFFLINKS
袖扣

饰钉及袖扣（Studs & Cufflinks）：衬衣前襟的纽扣由白色饰钉取代，采用石质或者其他装饰性材质，袖扣的外观、材质与饰钉相似。

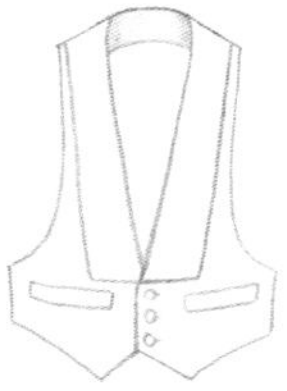

WAISTCOAT
礼服马甲

马甲（Waistcoat）：由于燕尾服不系扣子，前襟始终敞开，衬衣外面须穿一件白色马甲。马甲质地是凸纹布，单排扣或者双排扣都可以。

BOW TIE
领结

领结（Bow Tie）：白色，凸纹布质地，蝴蝶式或者菱形，需要自己打结，不能是成品领结。

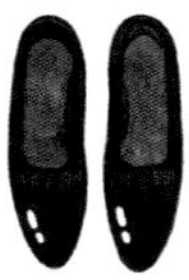

OPERA PUMPS
COURT SHOES
歌舞鞋

鞋袜（Shoes & Socks）：黑色漆皮亮面皮鞋，或者专用礼服鞋（饰以黑色缎带），黑色袜子。

晨礼服（Morning Coat/Morning Suit）

顾名思义，“晨礼服”是早上或者白天穿的礼服，国际外交场合已经很少出现。在英国要求穿晨礼服的日间活动也不多见，主要是王室的礼仪性活动，在赛马节时也能看到人们穿晨礼服。另外，在传统婚礼中，新郎、男性亲友、男宾客着晨礼服。在这里也做一个简单介绍。

晨礼服有两种形式：一种是黑色外套配条纹或者格子裤，搭一件颜色反差比较大的马甲（Contrasting Waistcoat）；另一种是颜色配套的“三件套”，可以是黑色外套、条纹裤加灰色马甲，或者三件都是浅灰色。

浅灰色三件套搭配灰色高顶礼帽（Top Hat）[1]，是英国阿斯科特皇家赛马会和爱普森大赛马会（Derby Day at Epsom）[2]的特色装束。现在有的人会采用它作为夏季婚礼服。

晨礼服和燕尾服在外观上有些相似，差异在于：多数情况下晨礼服的外套和裤子应是不同颜色的，例如，黑色外套搭深灰色裤子和浅灰色马甲。晨礼服下摆的前襟是流线型的，而

1 18世纪后期开始在英国流行，出自詹姆斯·洛克（James Lock）三世的设计，也称为“阿斯科特帽”（The Ascot），一般在阿斯科特的皇家赛马场内佩戴。

2 Derby指英国的大赛马会，始于1780年，每年6月的首个星期三在伦敦附近的爱普森举行。

燕尾服下摆前襟是两个尖角。另外，晨礼服只有一粒扣子，原则上应该系上，而燕尾服外套不系扣子。

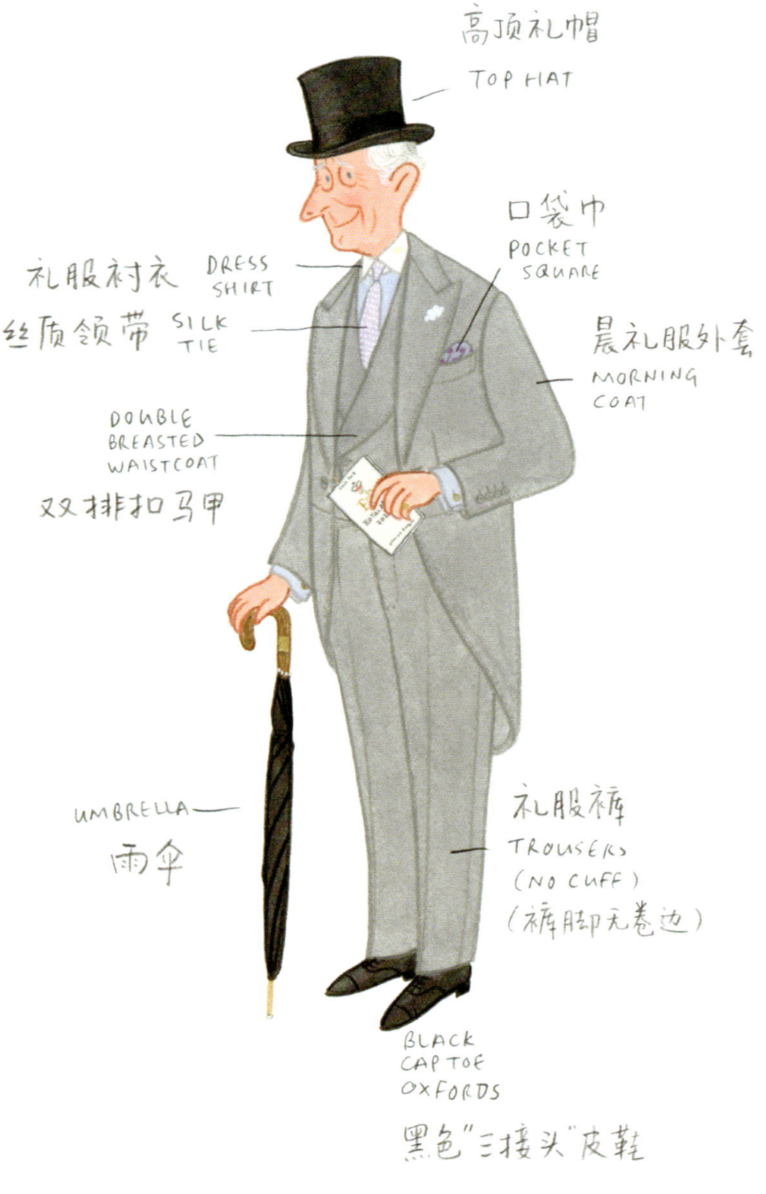

男装配饰

男士西装和礼服留给饰物的空间主要是领带和袖扣，搭配得当能够为整体形象增色。请记住一个原则：宁求简洁，勿求喧哗，低调内敛最为稳妥。

西装领带

领带的前身是领巾。追溯历史，领巾在17世纪成为欧洲男士的常用物品，最初目的是御寒。当时军人刚刚经历了漫长的“三十年战争”[1]，而那段时间，欧洲遭遇极寒，瑟瑟发抖的法国士兵被克罗地亚士兵围在颈部的领巾迷住了。这种实用的领巾在法国人中也流行起来，其名称“克瑞瓦特”（Cravat）来自法语词cravate，也许就始于“克罗地亚人”这个词。

“克瑞瓦特”在欧洲其他国家也很快流行起来，演化为不可或缺的装饰，用一种轻薄的本色亚麻、棉布或者丝绸制成，后来发展出各种材质和样式，可以松松地打一个结，也可以系成蝴蝶结。19世纪“克瑞瓦特”出现上浆和加固的特点，在系法上也多了花样，各种相关书籍颇为流行。

真正的“领带”雏形是19世纪二三十年代出现的，在工业化加快脚步的大背景下，更加方便和实用的领带自然更受欢迎。此后，领带在设计和结构上经历了许多改进，20世纪50年代窄领带出现，

1 Thirty Years' War，1618—1648年，瑞士和法国对阵哈布斯堡帝国。

现代版的领带逐渐取代领巾，占据了主导地位。

职业人士佩戴的标准领带宽度是3~3.5英寸（7.62~8.89厘米），主要是为了与传统西服翻领宽度更好地匹配。时髦的西服翻领更小，外形更细窄，所以领带的宽度只需要2.5~2.75英寸（6.35~6.985厘米）。

许多院校都有自己标签式的专用领带，一般称为斜纹领带（Rep Ties），斜条纹的颜色会与学校的校旗、运动服或者校服的颜色相同，大学领带的斜纹由左向右倾斜，团队领带的斜纹由右向左倾斜。需要注意的是，如果你并非就读于该所大学或者属于某个俱乐部团体，不宜佩戴代表这个机构的领带。

确实，领带能够为男士的暗色服装增添一抹亮色。1895年3月出版的《裁缝与剪裁师》（*Tailor and Cutter*）一书中说道，领带和围巾是“摆脱千篇一律暗色调的尝试……蝴蝶领结、围巾以及领带样式越来越多，而且大多数都越来越漂亮和风雅”。[1] 领带问世以来，其功能和款式没有再发生大的变化，最重要的完善是品质上的提升，现代面料材质的改进使领带更加挺括和经久耐用。

说到这里，就不能不提到中国在全球领带生产中拥有的举足轻重作用和对领带品质提升的重要贡献。根据《2019年中国领带市场现状调研与发展趋势预测分析报告》数据，目前全球领带年产量在10亿条左右，中国生产的领带占比达到45%，其中90%来自拥有“中国领带名城”之称的浙江嵊州[2]。这是不是很神奇？确实，世界服

1 关于领巾的历史起源和发展，内容参考蒂姆·冈恩、埃达·卡尔霍恩所著的《衣橱博物馆》以及Oscar Lenius所著的*A Well-Dressed Gentleman's Pocket Guide*，第145—149页。

2 2019年中国领带市场现状调研与发展趋势预测分析报告[J/OL].中国产业调研网，2019.

装行业最集中地体现着中国制造业的兴盛。

在男士的服饰构件中，领带最能表达个性，人们可以通过领带的颜色、图案和质地来表达喜好。常有人问，如何选择领带呢？这是一个比较个性化的问题，下面从质地、颜色和图案三个方面提供一些参考建议。

最常见的领带材质是棉、羊毛和丝绸。丝绸领带可以常年佩戴，最适合正式场合；羊毛领带较为厚重，可以在冬天佩戴，搭配相同质地的衣料；纯棉领带则是春、夏两季的首选，也要搭配质地相同的西服。

领带的颜色可以说是萝卜青菜各有所好，选择可以多种多样。一个基本原则是，领带的颜色和图案要与西装和衬衣保持一致，这三者应是一体的，需要保持整体的协调感，最好不要尝试三种以上的颜色。正式场合搭配西装的衬衣应是白色的，这种情况下，选择领带颜色时需要重点考虑西装的颜色。例如，如果西装是藏青色的，那么领带最好选择冷色系，戴红色领带也要偏紫红色而不是洋红色，尤其不宜选择有黑色图案的领带。同理，如果西装是黑色的，那么领带最好是暖色系。

在专业的男装书中，有一些关于理想颜色的介绍。例如，如果西服是黑色、灰色或者蓝色，衬衣是白色，那么红色就是不二之选，深色西服、白衬衣、红领带是永不过时的最佳搭配。如果服装上有一些图案，深色领带是一个不错的选择，尤其是深红色和深蓝色，往往可以和西装的各种图案和纹理搭配。

需要注意的是，在工作环境中，要避免亮丽颜色或者表面光滑

的丝绸面料领带，不建议佩戴黑色领带。有些国家在领带上有约定俗成的规矩。例如，在日本要慎用黑领带，因为只有出席葬礼才用黑领带，而婚礼一定要系白领带。

许多人喜欢穿蓝色衬衣搭藏蓝色西装，或者选择条纹、格子的衬衣搭西服。那么领带的颜色最好比衬衣的颜色更深一些。另外，穿格子或者条纹衬衣时，要避免选择有着完全不同颜色和鲜明图案的领带，那会显得有点儿乱。例如，如果一件小细格子衬衣的图案由黄色、深棕色和白色构成，那么领带可以是类似颜色搭配的图案，而不应在领带上再出现西装和衬衣颜色之外的其他新颜色。

领带在西装和衬衣店里售卖，这方面的知识很容易在店里了解，自己也可以现场比对领带与西装、衬衣的搭配，看着顺眼应该就是对的。

有一个小的提示是，如果穿鸡心领毛衣或者毛背心，领带不可以放在毛衣或者毛背心的外面。

出席各类活动时如何选择领带呢？最简单的原则是，越正式的场合采用的领带应该越亮堂。热闹喜庆的场合，例如国庆招待会、大型庆典，应该选择色泽鲜亮的领带，以此表达对活动的重视。同

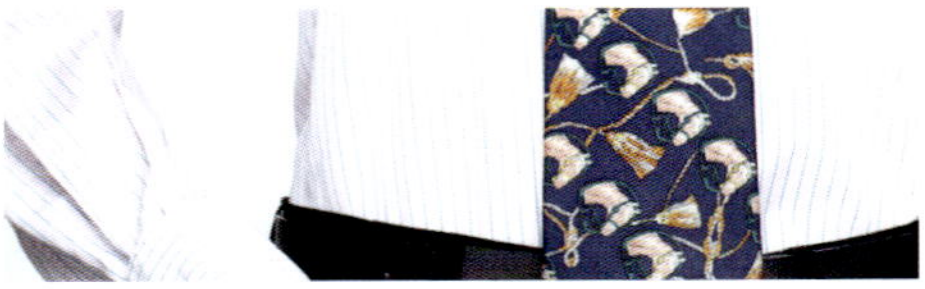

时，也可以通过颜色的选择表达对彼方文化的了解。例如，在中国大使馆的国庆招待会上，许多来宾会系大红色的领带，因为他们知道红色不仅是中国国旗的颜色，也是中国人传统庆典的颜色，希望借此表达对中国人的敬意。

如果是一个团队一起参加活动，中心人物领带的颜色可以更亮。如果陪同人员的领带比团长还鲜亮，难免显得有些喧宾夺主。反过来，如果团长戴了一条深暗色的领带，别人就难有选择余地了。当然，可能有人疑惑，除非彼此询问明天准备打什么领带，否则谁能刚好猜得准呢？确实，这并不是一个一定要遵守的原则。

英国前首相布朗在任时，很多场合戴的是紫雪青色领带。场合越正式、越热闹，他的紫雪青色领带颜色就越鲜亮，平常或者不那么正式的场合，他会选择深暗一点儿甚至发旧的紫雪青色领带。了解到首相的这一习惯，他周围的陪同官员和随行工作人员可能更容易对自己的领带做选择。我猜想布朗未必就那么喜欢这个颜色，可能是出于一种谦逊和对他人的照顾。

领带用久了容易变软、走形，失去立体感。正式场合最好采用质感好、有内衬的领带，参加各种活动比较多的人不妨保留几条正式场合专用的领带。

领带文化对中国人来说是舶来品，很多男士由于平日不用，记不住领带的打法，“易拉得”成品领带也就大行其道。但是在领带文化比较深厚的英国，如果一个成年人进入职场还在用“易拉得”，会给人一种“没长大”的感觉。因此，虽然打领带不大顺手，建议需要戴领带的男士们学会它。最常见的是“四手结”和“半温莎结”，足以应付日常大多数场合，网上有视频教程。不管系什么样的结，都是可以的，更多是个人的喜好。

这里分享一些打领带的基本规则供大家参考。

领带应该看起来干净利索，如果一条领带戴一整天，需要不时扎紧领带结。

领带宽度应与西装外套的翻领宽度一致。打好的领带领尖部分应该与皮带扣平行或者稍高一些，务必不能低于皮带扣。如果是商务休闲场合，当衬衣领口的扣子解开时，或许可以让领带结处于松弛状态，但还是不太推荐，因为会给人“衣冠不整”的感觉。

有一种领带的休闲系法，就是领带的窄端比宽端长出一些，如果的确想兼具休闲与正式，可以考虑针织款的平头领带，而且窄端至少比宽端长出2英寸（约5厘米），最好长出4~5英寸（10~13厘米）。

领结（Bow Tie）

男士领结可以分为正式领结（Formal Bow Tie）和休闲领结（Casual Bow Tie）。正式领结主要用于搭配礼服。有些男士对领结情有独钟，喜欢用领结取代领带，作为日常装饰使用。

领结和领带的区别在于使用场合的正式程度不一样。正式程度从高到低应该是白色领结、黑色领结和领带。如果请柬着装要求是黑领结礼服或者白领结礼服，那么必须佩戴领结，而不能使用领带。

礼服领结一般为纯白色或者纯黑色。白色领结适用于白领结礼服，搭配燕尾服外套和白色马甲，常见的样式有蝴蝶式和菱形，多为凸纹布质地。黑色领结是黑领结礼服的标配，样式多为蝴蝶式，面料应与礼服缎面翻领相同，比如，缎纹翻领与缎纹丝质领结相匹配，罗纹面翻领与细罗纹或者凸纹织物领结匹配。需要注意的是，打领结时手要干净，避免在领结上留下印迹。

休闲领结可以是花色的，颜色、图案和材质不受限制，可以与日常休闲装搭配使用，包括搭配衬衫、夹克、斜纹棉布或者牛仔布的短裤、长裤等等，注意领结与衬衣、上衣与下装形成对比就好。也有男士用领结取代领带搭配正式西装，表达一种个性化的穿衣风格，其功能和规则与普通领带相同，颜色和图案选择的空间比较大。领结是浆过的，打起来并不容易，所以需要专门学习和练习。有松紧带固定的成品领结不太适合成年男士，自己亲手打的领结也许不那么对称，却更加自然。

领针（Tie Pins）和领带夹（Tie Clips）

伦敦的维多利亚和艾尔伯特博物馆（V&A, Victoria and Albert Museum）有一个首饰展厅，展示了从古至今珠宝首饰的演变和发展历史。其中有一个柜台里面展示的是古典男用领针，从骨刻到宝石，花样繁多，精巧炫目。

领针的兴起可以追溯到18世纪，与男士的领巾之风有关，被用来固定领巾。通常是一根5厘米左右的金质或者银质长针，顶部有装饰，可以是一颗珍珠、宝石、玻璃，或者是珐琅。到了19世纪，领针的设计更具想象力，骷髅头、狐狸面具和各种运动图案都出现了。现在，一枚精致的领针仍可以与晨礼服的领带搭配，也可以与普通的领带搭配，或者作为礼服翻领上的装饰。[1]

领针风格偏复古，材质可以是各种贵金属，外形也各异，甚至可以镶钻石、红宝石或者其他珠宝。领针的佩戴方式是要穿透领带和衬衣，通常有个小链条与后边的T字形金属连接，并穿过衬衣纽扣孔，以保持领针的位置。领针不太适用于细丝面料的领带，因为针头会扎出明显小孔，比较适配的是丝织领带（如绸缎面料）或者粗织物领带（如羊毛或者羊绒领带）。

领带夹可以看作领针的延续，大约在20世纪50年代流行起来，一枚夹子把领带固定在衬衫上，同时也可以作为男士的饰物，穿礼服时不需要领带夹。[2]现在，领带的品质普遍比较好，已经无须夹子固定，因此当下很少有人用领带夹。简单说明一下领带夹的佩戴方式，其使用位置是在与衬衣胸口袋同一侧面的领带上，通常在礼服

1 Oscar Lenius. A Well-Dressed Gentleman’ s Pocket Guide[M]. Prion Books Ltd, 2006：211.

2 Oscar Lenius. A Well-Dressed Gentleman’ s Pocket Guide[M]. Prion Books Ltd, 2006：212.

衬衣的第三和第四颗纽扣之间。需要注意的是，领带夹不仅是把领带的两层夹住，而且要把衬衣和领带固定在一起。领带夹不宜比领带宽。

口袋巾（Pocket Square）

口袋巾是一个很小但是很漂亮的配饰，颜色应比较含蓄，可以与领带、衬衣，甚至袜子相呼应，能给整体着装增添颜色和品位。

口袋巾也可以发挥手绢的功能，例如当别人有需要的时候可以提供。不过，一旦口袋巾用过了，就不要再放回上衣兜里。

口袋巾的颜色搭配有一点小技巧，不一定要让口袋巾和领带的颜色图案完全一致，例如，如果领带是单一颜色，那么就可以用花色的口袋巾，其中小部分颜色和领带颜色相同，或者与某一件服饰的颜色一致，也是可以的。

口袋巾的折叠方法也很多，取决于场合的正式程度。介绍几种简单折叠法。

常见的是一字形折叠法（Flat Pocket Square），露出单一平整的边角，露出的边缘为0.125~0.25英寸（0.32~0.64厘米）。

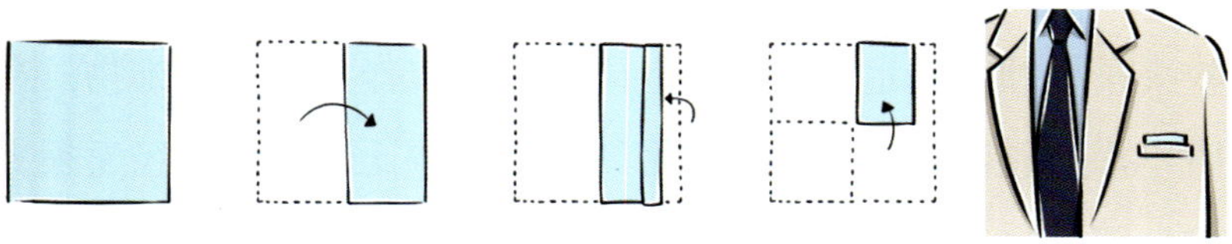

角锥折叠法（Point Pocket Square）适合方巾，将手帕对角折叠后尖角在上平整地塞入口袋，外观一定要平整妥帖。

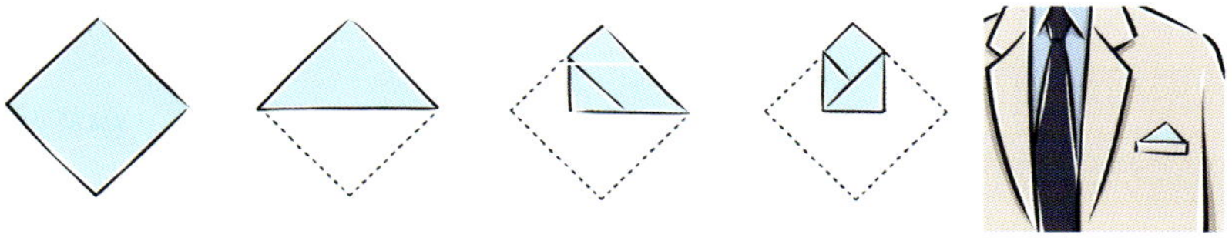

两角折叠法（Two Point Pocket Square）最适合正式场合，质地硬挺的口袋巾效果最好。

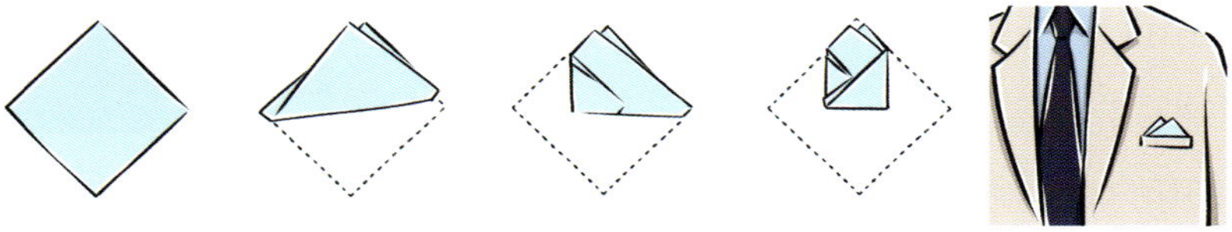

吹皱折叠法（Puff Pocket Square），拎起方形口袋巾的中点，任由边缘部分下垂，而后将其随意对折，插入口袋即可。注意这种叠法不适合礼服。

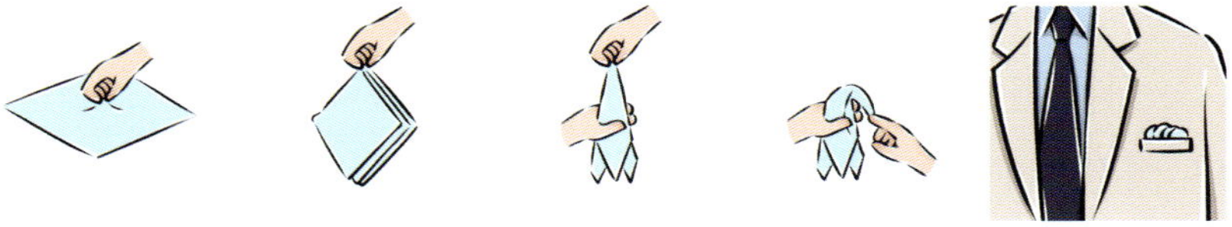

袖扣（Cufflink）

19世纪之前，人们穿的主要是亚麻质地的衣服，衣袂随风飘，没有固定袖口的需求。19世纪50年代出现了上浆的法式袖口，开衩长度是普通袖口的两倍，双叠，上下对称。后来出现的袖扣使得双叠袖口得以固定，也起到一定的装饰作用。工业革命的兴起让不同价位的袖扣有了批量生产的条件。这种佩饰被更多人接受和采用。[1]

1 Oscar Lenius. A Well-Dressed Gentleman’s Pocket Guide[M]. Prion Books Ltd, 2006：213.

法式袖口衬衣适用范围很广。晚礼服衬衣普遍采用这种袖口。普通双排扣西装也可以搭配法式袖口衬衣，简洁、独特的袖扣设计更受欢迎。

袖扣种类细分为子弹袖扣（Bullet Cufflink）、鲸鱼背袖扣（Whale Back Cufflink）、链条袖扣（Chain Link Cufflink）、球形袖扣（Ball Return Cufflink）等。袖扣使用的时候须注意方向不要弄反，应从手背一侧穿入，从手心一侧穿出、固定。当手臂自然下垂、手背向外时，袖扣的装饰部分应正好露在外面。

在商务场合，袖扣作为配饰有一些基本原则。一是要避免采用样式奇异张扬的袖扣，例如尺寸超过2厘米的大袖扣，有头骨或者十字架等特殊符号的袖扣。二是不要将带袖扣的衬衣与休闲商务外套或者较为休闲的西服夹克搭配穿戴。三是袖扣的颜色和材质应符合西装的基调，例如金银类就不如色调柔和的青铜和黄铜等材质。四是需要注意袖扣的存放和保养问题，最好放在有海绵的盒子里以防剐蹭，并记得经常擦拭清洗。

大衣

为了御寒或者防雨，可以在西装或者礼服外面套一件大衣。风衣或者时尚感较强的夹克不适合与商务西装搭配。特别要注意的是，进屋之后要第一时间脱下大衣并挂起来，不宜将大衣带到座位上去。

大衣的选择要注意尺寸，长度以过膝为佳。大衣袖子要充分覆盖西装袖子和衬衣，最理想的长度是达到袖扣以下。

单结

围巾

围巾是不可或缺的功能性配饰。从搭配上来说，有时，只穿外套会显得过于平淡，一条得体的围巾作为配饰，可以增加色彩。至于功能性，一条厚实的羊毛围巾可以御寒，一条亚麻围巾可以防晒或者防沙。

法式结

了解如何恰当地佩戴围巾也很重要。围巾的戴法很多，最常见的戴法是直接把围巾的一端环绕在脖子上，又或者打成“单结”“假结”等。“法式结”适合在天冷的时候采用，它的系法让围巾更加紧密地贴合颈部肌肤，因此很保暖。需要注意的是，围巾要戴在大衣里面，穿夹克外套时，也要将围巾系在夹克里面，这样显得更加优雅。

假结

鞋袜

礼服鞋

男士礼服鞋有别于正装鞋，一般会带有一些华丽元素，选择时主要考虑与礼服的搭配。常见礼服鞋有两种：一是漆皮二接头牛津鞋（Oxford），搭配无尾礼服，适合隆重的场合；二是歌舞鞋（Opera Pump）[1]，是搭配燕尾服的专用皮鞋，其经典款式为漆皮、浅口[2]，鞋面有蝴蝶结装饰。

正装鞋

日间正式场合，男士选择皮鞋掌握以下几点就不会出大错。首先，外交或者商务场合搭配西装的皮鞋应该选择皮底的，也就是俗称的“牛筋底”鞋。有时候，尤其出差在外，人们可能图方便，开会、出席宴会乃至散步都穿同一双胶底休闲皮鞋。然而，从外交礼仪的角度看，穿休闲皮鞋去出席一个铺着地毯的正式场合活动是不合规范的。

其次，从款式上来说，用于出席正式活动的皮鞋应该是系带子的，可以选择尖头皮鞋，鞋面上不宜有太多装饰，额外装饰越多越不正式。

最后，皮革的质地也决定了皮鞋的正式程度，皮料质地越柔软，

1 歌舞鞋是一种比较少见的正装鞋，天鹅绒、漆皮或小牛皮材质，鞋面上有一个丝绸或罗缎材质的蝴蝶结。

2 “浅口”鞋一般指鞋头较短，鞋开口大，露出脚背多的鞋型。

亮面牛津鞋

牛津鞋

雕花牛津鞋

亮面德比鞋

亮面德比鞋

雕花德比鞋

正式程度就越低。在所有皮料中，黑漆皮是最为正式的，而翻毛皮是最不正式的。亮面（抛光小牛皮或者漆皮制成）的皮鞋仪式感更强一些。

另外，正式场合穿的皮鞋应该是黑色的。在半正式场合，穿黑色或者棕色的皮鞋都可以，但是要考虑与衣服颜色搭配。18:00 以后的活动就不适合穿棕色皮鞋了，黑色是唯一的选择。在休闲场合，选择蓝色皮鞋也是可以的。双色皮鞋，比如黑白、蓝白、棕白色的皮鞋只适合于高尔夫球场或者其他运动场所。

说到搭配西装的男鞋具体款式，线条清晰的牛津鞋和德比鞋（Derby）是最为常见的，这两款鞋外观近似，主要差异是鞋耳[1]的设计不同。牛津鞋[2]是很多正式场合的标配，又叫巴尔莫勒尔（Balmorals）[3]鞋，它的鞋耳与鞋帮是一体的，只能打开一点，形成“V”字形，系上鞋带后鞋耳两边就会合拢，被称为“闭合式鞋带”。

1 “鞋耳”指鞋上支撑鞋眼、让鞋带穿过的部位。

2 牛津鞋起源于一种名为“奥克斯奥尼亚”的高帮鞋，1800 年曾经在牛津大学非常流行。

3 巴尔莫勒尔的名字来源于苏格兰阿伯丁郡皇家迪赛德的巴尔莫勒尔城堡，它是英国王室的行宫之一。

德比鞋的鞋带是开放式的，两块鞋耳仅部分附着在鞋帮上，可以自由转动，完全分开。鞋帮与鞋的其他部分连在一起，美观方便。三接头牛津鞋（Cap Toe Oxford）虽然降低了鞋子的正式程度，但是仍然可以用于商务场合，看上去简约大气，搭配正装西装是恰当的。

乐福鞋（Loafers）因其舒适度而受欢迎，这种鞋不需要系带子，就是那种一脚蹬进去的休闲鞋，但是不宜作为外交场合的正装鞋。

一双做工良好的皮鞋应该能穿很久，关键是要定期维护和保养。买了新鞋最好先去鞋匠那里，给鞋尖和鞋跟做些维护，这会让鞋子更加经久耐穿。此外，新鞋也应该上油，因为这对皮革的密封有好处，否则鞋子会在雨雪中因沾水而受到损坏。使用鞋撑能防止鞋子收缩，有利于恢复正常鞋型。另外，湿透的鞋子不能直接加热烘干，那会导致皮革开裂，可以用报纸把鞋子包好，让它们自然干燥。当鞋子出现磨损时，应该尽早拿去修理。此外，应定期用鞋油擦拭皮鞋，使皮革保持柔软和富有弹性，这对于鞋子的使用寿命来说至关重要。

20世纪80年代，中国进入改革开放时期，为了多了解国外情况，许多部门和地方官员大量出国访问，行前置装的主要内容就是在友谊商店购买西装和皮鞋，样式都是统一的。尤其是男士，是清一色三接头黑皮鞋。

记得有一次，我作为翻译陪同一个代表团访问巴基斯坦，日程结束后，当地接待单位邀请我们参观附近一座大清真寺。根据规则，进入清真寺需要脱鞋。这倒没什么，出门时问题来了，男士们发现，自己放在门口的鞋子与后面进来的当地人的鞋子挤在了一起，中国

人的黑色“三接头”皮鞋散乱在各种鞋中间，很难分清哪双是自己的。大家开始翻找，一片混乱，坐在旁边的巴基斯坦人都忍不住笑了起来。因为要赶飞机，团长下令，每人先任意穿一双鞋，路上再慢慢调换。在去往机场的大巴车上大家忙乱不堪，叫苦不迭，最麻烦的是，即便凑对了尺码也未见得能找回自己原来的那双鞋。

如今，那个“别无选择”的时代已经成为往事。

袜子

在男装礼仪服饰规则里，袜子可谓“漏网之鱼”，没有明确的规定和要求。除了礼服须搭配黑色袜子，在日装场合，似乎无论穿什么颜色的袜子都不存在对错的问题。不仅黑色、灰色、藏青色、棕色的袜子，可以拿来搭配西装；红袜子、黄袜子、条纹袜子，甚至花袜子，搭配西装也不算错。

袜子在走路时是隐藏起来的，坐下来才能“显山露水”，一些喜欢体现个性的男士会在袜子上花些心思。美国前总统老布什晚年身体不好，出现在公众面前时坐在轮椅上，他总穿一双大红色的袜子，相当醒目，表达出自己的个性和对生活的热情。

我曾接受英国电视四台著名记者约翰·斯诺（John Snow）的几次采访，他的个人标签之一就是花哨的领带，上面圆乎乎的大花图案显得相当闹腾。他会穿一双同样花色的袜子，坐下来伸展腿时，醒目的花袜子与领带遥相呼应，很是逗趣儿。在他的专题电视节目中，摄像机会有扫过他和被采访者全身的镜头。

我第一次接受他采访时，准备的是一套灰色的西装套裙，我的媒体顾问提议增加一些色彩。最终我采用了红色内搭和红色高跟鞋与灰西装搭配，戴了一副红珊瑚耳钉，现场效果确实不错。斯诺的采访间基调是靛蓝色的，加上身后大屏幕不断转换的画面，整个环境呈现灰蓝色调。因此，斯诺色泽跳跃的领带和袜子在这个环境中既有特色又不突兀，而我如果没有红色点缀，灰色的套装可能就被周围的环境淹没了。

特别正式的场合，在袜子上的个性需要有所克制。男士穿着正装的场合，可以根据裤子和鞋的颜色选择袜子的颜色。基本原则是：袜子的颜色不要浅于裤子的颜色。黑裤子最好搭配黑色或者灰色的袜子，深蓝色的裤子可以搭配深蓝色或者黑色袜子。在日常商务场合，袜子的颜色几乎可以随心所欲，但是白袜子除外。如果有谁穿了一双白袜子出现，会让人以为他刚打完网球还没来得及换过来。如果皮鞋是黑色的，就毫不犹豫地选择黑色袜子吧。

另一个务必遵守的规则是袜子的长度，以坐下来不会露出小腿为宜，无论穿什么颜色的袜子都是这个规则。

袜子的材质有很多种，市面上销售的有纯棉、羊毛、羊绒和丝等质地。袜子属于亲肤服饰，舒适度很重要，材质是男士们在选择袜子时不可忽略的因素，应尽量买质量好、耐用的袜子。在正式场合一定要穿袜子，无袜或者浅口船袜都要避免。有一个小提示是，在有些国家，一些场合是需要脱鞋的，例如日本的榻榻米餐厅、伊斯兰国家的清真寺等，因此，男士需要格外重视袜子的品质和清洁。

后记

中国人的美

自从2009年动了写这本书的念头，一直在积累素材和沉淀思路，但是迟迟没有动笔。直到十年后的2019年，才启动了写书的进程，看似随手可以写成的一本册子，真正完成又花了两年时间。付梓之际，感慨颇多。

写这本关于礼仪服饰的书，不仅需要回顾自己三十多年的外交礼仪之路，还需要翻阅大量资料，查证一些说法和看法的依据，尤其需要用大量具体的规则和规范来丰富书中的故事，填充记忆之外的空间。当我拿出文字初稿征询朋友和同事们的意见时，大家都希望看到能够印证书中场面和衣着描绘的照片和图景，这大幅度增加了工作量。早年为筹备这本书时拍摄的照片基本还可以用，但是毕竟时过境迁，已经不足以表达书中试图传递的全部信息，需要重新拍摄一些照片。还有一些当时无法留下影像的情节需要用漫画的方式表现。

在这个过程中，我不断问自己：为什么写这本书?应该写什么?早年起意写书是因为自己走过许多弯路，希望给后来的年轻人一些提示，让他们更好更快地适应外交礼仪环境。但是，今天的中国，礼仪、服饰方面的书籍和知识已经相当丰富，伴随着城市国际化程度的提升，年青一代人对世界的了解和认识远远超越了前辈。那么，我还有必要与读者分享如何穿衣、如何讲礼仪吗?除此之外，还有什么能够值得读者去了解?我的属于个人的经历看似丰富，但是局限于外交领域，有多少读者会有兴趣关心这些呢?

这些年我经常应邀讲课，除了国际知识和传播技巧，外交礼仪和服饰也是受欢迎的授课题材。无论是职场人士还是校园里的年轻人，不仅需要系统地了解国际礼仪规范，而且希望知道礼仪背后的原因和道理。他们会问：中国人需要接纳哪些国际礼仪?我们为什么要遵守外国人的礼仪?中国人自己的礼仪规范如何与国际礼仪规范接轨?他们对我们这代人走过的曲折道路更是颇感兴趣。确实，我们的成长跟随着国家改革开放的步伐，既是一代人的经历，也是国家融入世界过程中的一个小小折射点。经常有人建议我把自己的经历和经验写出来，给社会大众提供一些鲜活的知识和信息。

现在，这本书采用了以我自己的外交礼仪经历为主线的方式，讲述一个学习礼仪知识、完善礼仪实践的故事。我在成长过程中受到老一辈外交人耳濡目染的影响。他们平日生活简朴，但是在外交礼仪上的自我要求非常严格，到了哪个国家、进入什么场合，他们都会注意学习，尽可能把分寸把握到位，入乡随俗，不卑不亢。这也是我学习到的和想传递的礼仪认知。

这本书探讨了如何穿对衣服，也试图探讨礼仪背后的内涵，要点是，如何怀着尊重他人之心，得体地展现和表达自己。我体会到，三十岁前或许是走在尝试和探索的路上，三十岁后就能找到属于自己的风格和适合自己的妆容了，其中反映的不仅是自我定位，也是自己与社会交流的形象语言。

由于职业的关系，我需要努力适应国际外交礼仪，从工作的角度考虑服饰和言谈举止，但是，我内心始终在找寻的，是一种属于中国人的形象。美不仅是表象的，也是内在的，一种对自身文化、历史和审美的坚守与自信。我作为现代中国女性，在世界舞台上代表国家，与其他国家的外交官平等对话，秉承东方文化，从容面对世界，包容多元，与各方人士和谐相处。

中国人自古对美有深刻的认识和理解。例如，古人对颜色有着极为丰富的描绘，蓝色有“天青”和“月白”，红色有“绛红”和“胭脂”，黄色有“松花”和“郁金”，白色有“玉色”和“霜色”；古人对服饰的记载有“锦衣狐裘”“黻衣绣裳”[1]；古人对器物的描摹有“玉

1 引自诗经《秦风 · 终南》，意指锦绣衣衫狐裘服，青黑上衣五彩裳。

枕纱橱”“瑞脑金兽”[1]；古人对音韵的雕琢有“云对雨，雪对风，晚照对晴空”。凡此种种，无不映照出我们这个民族千百年来刻在骨子里的审美印记，其中对美的千般形容、万般描绘，展现的是更深层的对自然万物的细腻观察和真心热爱。

作家沈从文先生耗时十七年写成一部《中国古代服饰研究》，再现了三千年衣冠服饰历史，被视为中国服装学术研究的最重要成果。我从这部书中更好地认识了中国人服饰之美的深厚底蕴，也更加希望能够看到中国服饰的历史文化在现代化进程中展现出新的华彩。

诚然，珍惜和展现历史文化，不等于简单复制历史，在服饰美的更新换代过程中，我们需要重新经历一个认识美、寻找美的过程，使之成为一种“新型文化竞争力”。这里面既包含着对现代文明成果的认识和学习，也包括对自身文明成果的继承和发扬，尤其对美的内在意涵的挖掘。所以，我希望这本书也能为中国现代礼仪服饰的讨论贡献些许参考。

中国人的美，是内敛而深邃的。

叶嘉莹先生讲“弱德之美”（The Beauty of Passive Virtue），一种约束和收敛的、属于隐曲之姿态的美[2]，我把这个词借来，引申到中国人的礼仪服饰审美观念上。中国人的性格中潜移默化地刻下了含蓄谦和的印记，我们的语言和哲学、外表和举止，往往都是克制、不张扬的。“弱德”不等于逆来顺受，“弱德之美”所包含的是一种自尊自重、不屈不争之意。

1 见李清照《醉花阴 · 薄雾浓云愁永昼》中“瑞脑消金兽”。“瑞脑”是一种香料，“金兽”是一樽香炉。

2 叶嘉莹，清词丛论（第二版）[M].北京：北京大学出版社，2014：66.

回到这本书的主题：作为普通个体，我们如何在世人面前展现自己的形象，从而争取到更好的环境和机会？英国哲人培根（Francis Bacon，1561—1626）曾有句话："形体之美要胜于颜色之美，而优雅的行为之美又胜于形体之美。"[1]意思是说，一个人的美丽在于外表、形体和言谈举止三个方面，而这三美的重要性层层递进。显然，内外兼修，是美的最高表现。

现在中国已经是世界第二大经济体，除了外交活动之外，经济文化等各方面的国际交往也越来越多，从事经济活动的企业高管、从事教学和研究的学者等，都有经常性的对外交流与合作，中国留学生出现在世界各国的校园中，国人的旅行足迹遍布五大洲。中国礼仪之邦的面貌是由每一位个人的行为举止共同构建的，个人修养的叠加反映着国家的基本精神状态和礼仪形象。

我写这本书之所以拖延多年，也是因为一个人的能力有限，很难完成这本书所需要的巨大工作量。我非常感谢特约编辑陈曦这两年不离不弃地督促和帮助我，把那些想法和故事编织起来，形成一个个完整的篇章。她还专程去伦敦重新走过我经历事件的地点，找到一些英国朋友追忆交谈，寻找相关资料，没有她的投入，我很难完成这部书。我也感谢最初研讨时的小组成员王蕾、王怡、景春婷等人，她们分别阅读了自己熟悉领域的书籍、查找资料，为这本书的起草提供了基础意见。我也感谢英国友人Amanda Thirsk和Andrew为书中相关事件和规则知识提供了权威依据。这本书还得到Miss Dally、Isobel Kershaw、Stephen K. Roberts、Isobel Muir、Mike Saye、张利利等人的支持，他们的专业经验给了我宝

1 [英]弗兰西斯・培根.培根论人生.[M].何新，译.上海：上海人民出版社，1983：10.

2021年在北京

贵指点。戴庆利、王莉、汤瑛、肖茜、戴晓红、程笑丹等人亲历了书中提到的不少事情，感谢她们帮我完善了书稿。感谢出版社的乔卫兵和黄静、李亚婷、丁媛媛等人一直以来的鼓励和支持，他们对我写作的一再拖延表现出极大的耐心。感谢摄影师王磊和团队以敬业精神完成照片的拍摄，感谢插画师王飞设计了一系列有趣儿的漫画，感谢杜猛以专业和认真的态度高效完成并不断修改书的封面设计和内文排版，感谢门乃婷以自己独特视角为这本书构建了最初的艺术框架，感谢阿思雅、周椋和李亦非、美朵等人对后期拍摄给予支持和帮助，感谢毛继鸿、令狐磊和又一山人对完善书的封面和版式设计给予专业指导。感谢吕凡大使提供照片。感谢吴胜男、张奕、徐峥嵘、苏艳婷、王静姝等人在文稿整理过程中的协助。书中一些照片展示的衣服是向几个品牌店借用的，在此一并表达谢意。书成稿后，我曾经把清样送给诸多一起工作过的同事和朋友审阅，他们提出许多宝贵的建议和意见，有的人专门写了长篇修改提示。再次深表感谢。家人一直是我的第一读者，感谢他们坦率的意见和建议。

读完这本书不太可能让你了解全部的国际礼仪和规范，但是希望书中分享的知识和经验，让你增添一些对国际交往的认识和借鉴，还希望这里的“老生常谈”，能让新一代人更多了解上一辈人走过的路，也相信他们能走得更加精彩。

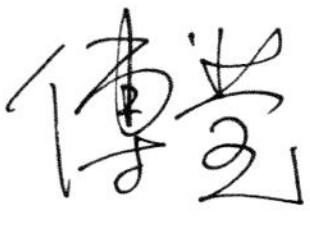

2021年4月29日于北京

下面这些历史照片，
记录了我三十多年的礼仪服饰足迹。

1

2

3

图1：1981年 在布加勒斯特中国驻罗马尼亚大使馆门前拍照
图2：1992年 作为中方代表团成员在印尼日惹参加关于南海问题的磋商
图3：1990年 作为翻译在北京人民大会堂参加国事活动

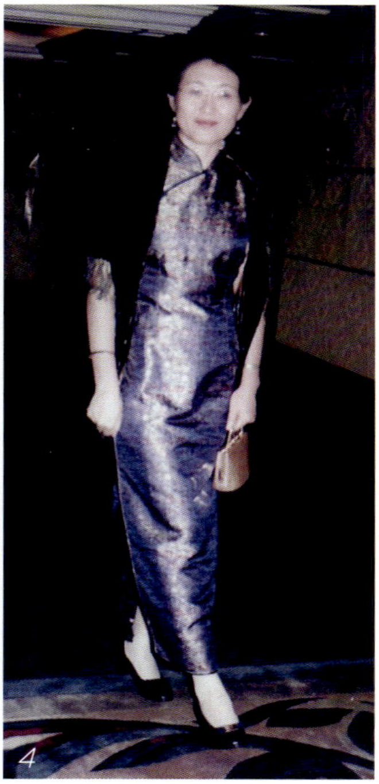

图1：2000年 在马尼拉出席时任菲律宾总统埃斯特拉达在马拉卡南宫举行的晚宴
图2：1998年 作为新任中国驻菲律宾大使在马尼拉举办到任招待会
图3：2003年 作为新任中国驻澳大利亚大使在堪培拉举办到任招待会
图4：1997年 作为中国驻印尼大使馆公使衔参赞在雅加达出席晚宴

图1：2007年 在伦敦出席英国金融界为前首相撒切尔举办的午宴
图2：2007年 在伦敦唐宁街10号拜访时任英国首相布莱尔
图3：2007年 在普利茅斯港迎接访问英国的中国海军军舰

图1：2008年 在伦敦拜访国际奥委会英国委员安妮公主
图2：2009年 在伦敦与时任澳大利亚总理和英国外长一起接受英国广播公司采访
图3：2008年 作为中国驻英国大使在伦敦举办奥运会开幕式直播观摩酒会
图4：2009年 应邀在伦敦英语联盟总部演讲

图1：2007年 在伦敦出席金融城晚宴

图2：2007年 在英国斯特拉福德与郝时远一道参加莎士比亚纪念活动

图3：2012年 作为外交部副部长在喀布尔拜访时任阿富汗总统卡尔扎伊

图1：2015年 作为十二届全国人大三次会议新闻发言人在北京人民大会堂出席新闻发布会
图2：2016年 作为十二届全国人大四次会议新闻发言人在北京人民大会堂出席新闻发布会
图3：2013年 作为十二届全国人大一次会议新闻发言人在北京出席国务院总理记者会
图4：2019年 作为清华大学战略与安全研究中心主任出席北京雁栖湖创新经济论坛